上海市"科技创新行动计划"软科学研究项目成果

"东数西算"背景下
算网融合发展新路径

New Path for the Integrated Development of
Computing and Networking under the Background of
"Eastern Data Storage and Western Computing"

樊 蓉 著

上海交通大学出版社
SHANGHAI JIAO TONG UNIVERSITY PRESS

内容提要

  算网融合是我国首先提出的,继云网协同、云网融合之后算网形态模式的又一次规模升级,是"东数西算"工程均衡发展的关键方向和促进数字经济长期稳定发展的开创性实践,受到了业界广泛关注。本书主要内容包括算网融合的现状及挑战、主要参与体、关键技术、国内外运营机制、发展路径、发展策略、云边端协同场景部署方案、低碳发展、典型案例等,对算网融合进行系统阐述,为正在探索中前进的算网融合提供借鉴参考和决策支持。

  本书适合信息通信、互联网、云计算等算力网络领域的从业者,以及对算网融合感兴趣的相关行业人士阅读,也可作为高等院校相关专业师生的参考用书。

图书在版编目(CIP)数据

  "东数西算"背景下算网融合发展新路径 / 樊蓉著.
上海:上海交通大学出版社,2025.6. -- ISBN 978-7
-313-32491-7

  Ⅰ. TP393

  中国国家版本馆 CIP 数据核字第 2025QE9324 号

"东数西算"背景下算网融合发展新路径

"DONGSHUXISUAN" BEIJING XIA SUANWANG RONGHE FAZHAN XIN LUJING

著 者:樊 蓉

出版发行:上海交通大学出版社   地 址:上海市番禺路 951 号

邮政编码:200030   电 话:021 - 64071208

印 制:上海文浩包装科技有限公司   经 销:全国新华书店

开 本:710 mm×1000 mm 1/16   印 张:9.75

字 数:147 千字

版 次:2025 年 6 月第 1 版   印 次:2025 年 6 月第 1 次印刷

书 号:ISBN 978 - 7 - 313 - 32491 - 7

定 价:98.00 元

序 一

当前,人类社会正经历着自工业革命以来的又一场深刻变革。人工智能技术以指数级的速度迅猛发展,越来越多的人工智能大模型参数突破万亿大关,算力已成为科技竞争的核心驱动力。2025年国务院政府工作报告显示,2024年我国数字经济核心产业的增加值占国内生产总值比重达到10%左右,算网融合已从单纯的技术架构,发展成为提升新质生产力和数字经济高速发展的重要支撑。

"东数西算"工程的提出,源于对中国经济地理布局的现实考量。东部地区集中了全国超过60%的数据中心,但面临土地资源紧张、能耗指标趋严的制约;西部地区则拥有丰富的可再生能源资源,却由于对数据与算力的需求不足,其潜力尚未充分释放。通过跨区域调度算力资源,"东数西算"工程有效缓解了东部地区因能源紧缺和环境压力带来的困境,也为西部地区带来了新的发展机遇。算网融合作为其中关键的技术手段,可将原本分散的算力节点、异构的计算单元与智能网络深度融合,形成有机统一的整体。例如,长三角地区的智能工厂与贵州的智算中心进行实时交互,以及粤港澳大湾区的数字孪生城市灵活调用宁夏的绿色算力资源的案例,都有效验证了该技术创新的实践价值。

本书系统阐述了算网融合技术的理论体系与工程实践,以算网融合的核心概念为起点,详细分析了其现状、关键技术架构、部署方案和运营机制,同时探讨了未来的发展路径。对读者而言,这是一部实用的参考资料,有助于全面理解算网融合的背景、意义和发展趋势,掌握关键技术及其实践中的应用解决方案。此外,本书对于政府、企业及算力网络领域的从业者也具有一定的参考价值。

希望本书的出版能够为相关领域研究与应用提供支撑,助力我国人工智能与数字基础设施高质量发展。

复旦大学信息科学与工程学院教授

孙耀杰

序　二

在数字经济时代,算力已成为支撑变革的核心要素。随着大数据、云计算、人工智能等技术的普及,全球算力需求呈现爆发式增长。高效调配算力资源成为推动数字经济高质量发展的关键,算力网络和"东数西算"工程为我国算力基础设施均衡发展开辟了新路径。

算力网络是新一代信息通信技术的集成创新范式,将广泛散布于各地的算力资源进行系统性整合与协同管理,实现了算力资源的泛在化接入和智能化供给,不仅突破了传统算力中心的地域边界限制,还极大地提升了算力使用效率和灵活性,为数字经济高质量发展提供核心动能。

"东数西算"工程作为我国推动算力基础设施均衡发展的重要战略举措,通过构建数据中心、云计算、大数据一体化的新型算力网络体系,有效地支撑了东部地区对算力资源的旺盛需求,并且带动了西部地区的经济发展。这一工程的实施,不仅促进了东西部地区协同联动,还为我国数字经济的进一步发展奠定了坚实的基础。

然而,随着算力网络和"东数西算"工程的持续推进,算网融合的课题日益凸显。所谓算网融合,是指通过技术与模式的双重创新,推动基础设施的互联互通、资源调度的智能高效以及服务能力的普惠可达。算网融合的深入推进,不仅有望显著提升算力资源的供给效率与使用体验,更将为数字经济的发展开拓更为广阔的空间与可能性。

本书系统地探讨了算网融合的现状、所面临的挑战、关键技术、运营机制、发展路径以及发展策略等核心议题,为正在探索中的算网融合提供了宝贵的借鉴和参考,为政府、企业以及广大算力网络领域的从业者提供了有益的启示。

原中国移动通信集团设计院有限公司教授级高级工程师

郭奕星

前　　言

当前,全球数字经济正以前所未有的速度蓬勃发展,算力作为支撑这一变革的核心要素和关键驱动力,其重要性日益凸显。我国政府高度重视算力基础设施的建设,不仅将其纳入"新基建"范畴,还通过实施"东数西算"工程,有力推动了我国算力基础设施的持续稳健发展。《中国算力发展报告(2024 年)》显示,截至 2023 年底,我国在算力及网络基础设施的建设方面均已取得国际领先的成绩,成功构建了全球最大的信息通信网络,算力规模更是达到 32.85ZB,位居全球第二。

随着垂直行业数字化进程的不断深化,各领域和专业之间的行业壁垒被逐步打破,算力需求的场景变得更加多元泛在。除了通用计算外,高性能计算与智能计算应运而生,推动着算力内核不断向图形处理单元(graphics processing unit,GPU)、现场可编程门阵列(field programmable gate array,FPGA)、神经网络处理单元(neural-network processing unit,NPU)等异构化方向演进。近年来,物联网和边缘计算的蓬勃发展推动大量终端设备接入网络,使得算力逐渐从中心向边缘和端侧延伸,边缘算力日益丰富。总体而言,算力呈现云边端三级架构,具备云算力超集中、边端算力超分布的特征。

同时,随着摩尔定律趋近于理论极限,单一的云算力已无法满足泛在终端对实时性和可靠性的高要求,单一的边缘算力则难以提供海量数据的存储分析能力。对算网资源的全局智能调度和优化,可有效促进算力的"流动",让业务可以随需使用算力。为应对不断增长的多样化算力需求以及网络智能化的挑战,通过网络集群优势突破单点算力的性能极限,提升算力的整体规模,成了产业界共同关注的热点。

在此背景下,算力与网络融合共生成为一个重要趋势,这不仅顺应我国算网政策导向,也是推动"东数西算"战略实施、实现算网资源均衡发展的关键方向。算网融合属于前瞻性研究领域,涉及互联网、通信、高性能计算等多个领域和专业,面临带宽、时延、算力调度、多维感知等技术难题与挑战,目前产业生态对其技术路线、发展路径等尚未形成明确的统一定论。

本书从理论层面出发,明确了算网融合的概念要素和参与主体的服务分工,梳理并研判了算网融合的关键技术;同时基于当前算网融合的发展框架与运营机制现状,尝试设计了算网融合的发展路径,并提出了针对性发展策略。此外,本书还积极探索了云边端场景的部署策略,并讨论了低碳发展方向,旨在为算网融合的未来发展及"东数西算"工程的建设提供有价值的参考与借鉴。

全书共分为 8 章,各章的主要内容如下。

第 1 章从算网融合提出的背景和现实意义出发,介绍"东数西算"工程的主要内容,归纳提出算网融合普遍包含的关键概念要素,从技术标准、建设情况、典型城市等分析算网融合总体进展情况,从产业层面明确了算网融合的主要参与方,划定了各类主体的任务分工及能力提升方向,并指出我国算网融合发展面临的主要挑战。

第 2 章建立了算网融合关键技术体系,重点研究了关键技术的研究进展,锚定了亟待突破的技术领域,探讨了技术路线,提出了突破方向及目标。

第 3 章梳理了全球算网融合的发展现状及主要特点,总结了有效经验及做法,研判了我国算网融合的运营特点及演进趋势。

第 4 章明确了不同阶段算网融合的发展特点和关键功能要素,探讨算网融合发展的可行路径,提出阶段性目标。基于算网融合近期主要以"东数西算"工程、云边端协同、算力基础设施间互联三类场景为驱动的观点,明确这三类场景的具体实施路径,促进算网融合加快建设落地。

第 5 章以基础设施、技术探索、主体协同、应用场景的进一步强化为核心,以规范发展和配套支持为保障,形成了算网融合发展策略框架,并进行了详细分析。

第 6 章针对云边端协同场景,分析部署阶段目标,探讨协同调度方案和业务智能开通方案,并以车联网为例,验证了多级算网融合架构在车联网领域的应用潜力,为云边端协同场景下的算网融合部署提供了有力支持和参考。

第 7 章探讨算网融合低碳发展趋势,从数据中心能耗问题出发,研究节能系统规划设计与标准,探讨了节能技术进展和应用,并结合实际部署案例验证应用成果,为算网融合的低碳发展提供了可实操的解决方案。

第 8 章总结现有算网融合案例及试点经验,展现不同角度下算网融合的功能形态。

本书得到上海市 2023 年度"科技创新行动计划"软科学研究项目"东数西算背景下上海算网融合关键技术及发展路径研究"的支持。本书在编写过程中先后得到上海华东电信研究院高庆浩博士,上海通信制造业行业协会左芸博士,中国移动通信集团设计院有限公司上海分公司蒋翊生、徐怡、蔡毅、吴志亮、王晓腾、张亚文等的鼎力支持,在此对他们一并表示衷心感谢!

将算网融合研究透彻尚有很长的路要走,希望本书能够起到抛砖引玉的作用,为算网融合发展提供新思路和新方法,能为政府、企业以及广大算力网络领域的相关从业者提供启发,也能为高等院校相关专业师生提供参考。

由于作者水平的限制,书中不足之处在所难免,恳请广大读者批评指正。

樊 蓉

2024 年 12 月

于上海

目　　录

第 1 章 算网融合的现状及挑战

算力作为新质生产力的"重要引擎",是推动产业数字化、智能化升级,提高生产效率的关键所在。近年来,随着大数据、人工智能(artificial intelligence,AI)、云计算等技术的迅猛发展,算力需求呈现爆炸式增长。据中国信息通信研究院统计的数据,至 2023 年底全球算力总规模达 910 每秒百亿亿次浮点操作数(exa floating‐point operations per second,EFLOPS),同比增长 40%;预计到 2030 年全球算力规模将超过 56 每秒十万亿亿次浮点操作数(zetta floating‐point operations per second,ZFLOPS)。同时,"东数西算"工程成为中国推动算力基础设施均衡发展的重要举措,算力资源的优化配置和高效利用正加速推进,进一步促进算力与网络的深度融合成为重要趋势。因此,算网融合(computing and network convergence,CNC)成为继云网协同、云网融合之后算网形态模式的又一次规模化升级,是我国促进数字经济长期稳定发展的一项开创性实践,受业界广泛关注。

1.1 "东数西算"工程的主要内容

随着数字经济的蓬勃兴起和数据要素改革的加速推进,算力正逐步成为激活数据潜能、推动经济社会数字化转型的关键驱动力。根据国际数据公司、浪潮信息以及清华大学全球产业研究院联合发布的《2022—2023 全球计算力指数评估报告》,预计 2023 年至 2026 年间,计算力指数每提升 1 点,国家的数字经济和国内生产总值(gross domestic product,GDP)将分别增长 3.6‰和

1.7‰。与此同时,5G、人工智能、区块链等新兴技术的广泛应用,为我国以数据中心为核心的新一代信息基础设施带来了巨大挑战。

早在 1961 年,美国科学家约翰·麦卡锡(John McCarthy)就提出了效用计算(utility computing,UC)的构想。他预言,算力将如同电话系统一般,转变为一种公共服务,用户可以根据需求随时获取并使用,通过仪表计量并按使用量付费。然而,直至今日,这一构想在全球范围内仍未完全实现。算力要成为一种公共服务,至少应具备以下特征。

(1)资源充沛:算力资源充沛才可以充分为千行百业、千家万户赋能。

(2)泛在分布:算力从中心向边缘延伸,可在全国乃至全球范围内任意接入,可以依据需求分级调度。

(3)一体服务:算力服务平台上可集成多元异构算力,满足多样化计算需求。

(4)可交易性:用户无须自行建设算力设施,实现算力可购买、可销售。

(5)联网互通:算力的生产、传输、配给与使用应在统一的网络架构中实现无缝连接。

当前,我国东西部地区的算力资源分布不均衡。东部数字经济发展迅速,产业发展相对完善,对算力需求量大,但面临着土地、电力供应和能耗控制等多方面的压力;相比之下,西部地区则拥有适宜的气候条件和丰富的清洁能源资源,却在算力需求和市场发展上相对滞后。

为应对这一挑战,2021 年 5 月,国家发展改革委、中央网信办、工业和信息化部、国家能源局联合印发了《全国一体化大数据中心协同创新体系算力枢纽实施方案》,规划了 10 个国家数据中心集群,全面启动"东数西算"工程,通过构建数据中心、云计算、大数据一体化的新型算力网络体系,将东部"数"有序引导至西部"算",既有效支撑东部旺盛的算力需求,又带动西部的经济发展,促进东西部协同联动,共同推动全国的数字经济高质量发展。

"东数西算"工程构建"数网、数纽、数链、数脑、数盾"五维体系,即将"数据中心、网络、云、大数据、人工智能、安全"融合一体,推动工程建设。具体来说,"数网"即数据基础设施,构建一体化的高质量数据中心集群和高速直连的互联通路;"数纽"即算力服务调度枢纽,建立、完善云资源接入和一体化调度机制,降低算力使用成本;"数链"即数据价值传递链条,促进跨部门、跨区域、跨层级的数据流通和治理;"数脑"即数据行业智能应用,打造各行各业的"大脑",深化数算融合应用;"数盾"即数据安全和网络安全能力。"数网"和"数纽"作为基础设施,是整个体系的底座,也是当前"东数西算"工程建设的重中之重。

可以看出,"东数西算"工程是算力、网络、数据、生态等多种内容的综合布局,是国家重大战略部署。随着"东数西算"工程的逐渐深入,算力和网络相互协同、逐渐融合成为一体,促进应用潜力不断释放,为数字经济发展注入强大动力。

1.2　算网融合提出的背景及现实意义

算网融合具有非常重要的现实意义,主要体现在凸显战略、赋能数字经济、促进信息通信技术(information and communications technology,ICT)创新、促进产业链互利共赢四个方面。

1) 算网融合战略意义凸显,是实现算力强国的重要手段

全球算力产业竞争日趋激烈,各国高度重视融合异构计算及多层次、多颗粒算网设施建设,布局"计算"+"网络"战略,国外的相关政策如表1-1所示。中美同处全球算力发展第一梯队,为了维持领先地位,美国强化战略部署,始终保持大力投入,依托在云计算领域的技术和产业优势,强调信息通信领域基础设施建设,以提升"计算"+"网络"的融合服务能力为目标,加速推进信息化"高速公路"的建设。欧洲聚焦计算前沿,促进跨国合作。日本强化算力应用、推进数字化进程,但受制于算力需求体量和先进技术水平,算网融合产业仍具有一定发展空间。

表 1-1　国外主要的"计算"+"网络"相关政策

政策提出方	出台时间	文　件	主　要　内　容
美国	2019 年 11 月	《国家战略性计算计划(更新版):引领未来计算》	侧重于越来越多地探索异构处理器、异构存储器和建模,新的互联技术,专用和节能架构以及一些非冯·诺依曼计算元素

续　表

政策提出方	出台时间	文　件	主　要　内　容
美国	2020年3月	《国家网络基础设施生态系统的愿景》	将超算规划为网络生态系统关键基础设施,提出将政府、学术界、非营利组织和行业部门等共同融入先进计算生态系统
	2021年4月	2万亿美元"新基建计划"	投入500亿美元用于提高芯片算力,投入1 000亿美元用于铺设覆盖美国全境的高速宽带网络
	2022年10月	《对向中国出口的先进计算和半导体制造物项实施新的出口管制》	以先进计算芯片和超级计算机为切入点,全面加强对中国半导体行业和中国先进制程能力的制约
欧洲	2021年3月	《2030数字指南针:欧洲数字十年之路》	拟到2030年累计部署1万个边缘计算节点,让所有欧盟国家家庭实现千兆连接
	2022年2月	《欧洲数据法案》	加大数字基础设施投资,提升欧盟的数据存储、处理、使用和互操作能力及基础设施建设
	2023年4月	《2023—2024年数字欧洲计划》	侧重高性能计算机、云服务安全性、人工智能实验及测试、网络安全能力提升
	2023年1月	《2030年数字十年政策方案》	加强欧盟范围内的传输、计算和数据基础设施建设
日本	2020年6月	《智力基础设施发展规划》	把数字化转型作为优先加速重点领域,核心内容包括以新型智力基础设施发展规划为目标方向、提高各领域知识基础平台的国际标准可靠性等
	2022年6月	《数字田园都市国家构想》	2023年底5G人口覆盖率99%,2027年底使高速互联网通信光纤线路覆盖99.9%的家庭
	2022年4月	《量子未来社会愿景:通过量子技术实现未来社会愿景及其战略》	推进量子计算发展
	2022年4月	《人工智能战略2022》	推进智能算力发展

在长期发展过程中,我国算力产业布局以市场需求为导向,算力供需矛盾凸显。一线城市需求旺盛,供不应求,投资回报率高,但能耗指标、土地、电力等资源受限。北京、上海、河北平均上架率达到约 70%,远高于全国平均水平。中西部政策好,资源丰富,电价、地价较低,但需求少、利用率低、运维不便。中西部上架率为 15%~20%,远低于总体平均上架率 50% 的水平。为此,我国围绕新基建战略布局,强化算力基础设施政策引导,发布了一体化大数据中心等一系列政策、项目措施(详见 1.3.1 节),依托算网融合有效提升算网基础能力,促进算网产业优化升级,提升国家综合竞争力,并解决"东数西算"关键问题,提高跨区域算力调度水平,确保数据要素高效流通,从而建设算力大国、算力强国。

2) 算网融合赋能数字经济,是建设数字中国的重要保障

根据中国信息通信研究院发布的《中国数字经济发展研究报告(2024 年)》,2023 年我国数字经济规模达到 53.9 万亿元,占 GDP 的 42.8%,增幅稳定在相对较高的区间。我国数字产业化与产业数字化的比重由 2012 年的约 3:7 发展为约 2:8,产业数字化的主导地位日益突出。以上海市为例,上海市 2024 年政府工作报告指出,上海着力推动城市数字化转型,加快建设具有世界影响力的国际数字之都。上海拥有众多数字经济领域的需求方,近年来集成电路、生物医药、人工智能三大先导产业快速发展,2023 年战略性新兴产业总产值占规模以上工业总产值的 43.9%,数字经济、绿色低碳、元宇宙、智能终端等四大新赛道加快布局。

从顶层服务类型来看,不同数字技术应用场景对算力需求有很大不同,如石油勘探、航空航天等高新技术领域需要超算支持,智能汽车、视频监控等场景需要边缘计算支持,互联网、通信、金融及工业等场景需要通用算力、智能算力、边缘算力支撑。从底层计算芯片来看,不同类型算力需求的增长促进了计算芯片的多样化发展,从以通用中央处理器(central processing unit,CPU)计算为主逐步向图形处理单元(graphics processing unit,GPU)、现场可编程门阵列(field programmable gate array,FPGA)、专用集成电路(application specific integrated circuit,ASIC)等异构算力芯片与通用计算协同发展的态势演进。而且,随着数字化转型的逐步深入,部分算力应用场景可能往往需要不止一种算力支持。

同时,随着业务应用的不断发展,算网服务质量要求不断提升,用户需要更

加敏捷、更具弹性、随需随取、按量付费的算网服务。算网的敏捷性要求包括快速获取算力服务、快速实现网络连接以及保障业务服务等级。弹性要求包括算力资源可扩容或缩减、网络资源可灵活调度。随需随取的要求包括算网资源的多样性以及算网资源的便捷性,算网资源多样性是指各类差异化的算网设施和服务,可满足多样性需求;算网资源便捷性是指算网资源的呈现形式或获取途径简单便捷,能够满足用户动态获取算网资源的需求。按量付费的要求是指用户可根据使用的算网资源量向算网供应方付费。随着近年来我国算力基础设施、网络基础设施不断升级发展,算网服务的敏捷性、弹性正在逐步优化,但是在面向一些特定的需求场景,如极低时延、边端支撑、资源池化时,依然有待提升。

总而言之,当前数字经济已成为全球经济增长的新引擎。算力作为其核心生产力,在推动科技进步、促进行业数字化等方面发挥着重要作用,催生了新技术、新产业、新业态、新模式。单一算力难以满足算力需求变化,需要通过网络连接多元算力,实现多种算力的融合,同时还要实现算力资源的感知、调度,并根据用户需求灵活供给。因此,算网融合正是打通信息大动脉、赋能数字经济发展、建设数字中国的重要保证。

3) 算网融合促进 ICT 技术创新,是建设网络强国的重要引擎

当前,跨界、跨领域的能力融合是 ICT 创新的重要方向。考虑到数字化的智能应用场景对于泛在连接、实时计算等方面有共性需求,算网融合正处于技术能力快速创新发展的阶段,已成为 ICT 全面发展的重要锚点、建设网络强国的重要引擎。

一是多样性计算向网络化的方向全面发展,统筹"云、网、边、端"于一体的新一代计算技术可解决算力碎片化、差异化、异构化的问题,得到了业界的高度认可。二是通信技术(communications technology,CT)网络正在步入云网深度协同发展的新阶段,全面提升底层网络对于计算服务(应用)的亲和性和感知性不仅符合网络服务创新发展的根本需要,还可以带动网络技术朝全面智能化方向演进。三是算网融合涉及芯片、主机、存储、网络、基础软件等多个领域的核心技术,是解决"卡脖子"问题的重要着力点。

推动算网融合发展,本质上是抢占人工智能、大数据、云计算、边缘计算、区块链、量子技术、5G、扩展现实等多种新一代信息技术(information technology,IT)融合应用的制高点,助力其充分释放扩散效应、溢出效应、普惠效应。

4）算网融合促进产业链互利共赢

算网融合涉及互联网、电信、通信、高性能计算等多个领域、多个专业,满足政府、教育、医疗、交通、制造、能源、家居、零售等多个方面的垂直行业算力需求;产业规模庞大且复杂多样,供侧、需求侧、第三方力量综合在一起协同合作、发挥各自优势,实现算力资源的优化配置和高效利用,提升算力服务的质量和水平。

在推进全域数字化的过程中,算网融合扮演着至关重要的角色。它不仅能够促进城市核心功能做优做强,通过高效、智能的算力支撑,加速城市管理与服务的智能化升级,还能强化数字经济的辐射带动作用,助力传统产业转型升级、催生新兴业态与经济增长点。因此,算网融合成为连接城市数字化转型各个关键环节的有效桥梁,为推动经济社会高质量发展注入了强劲动力。

1.3　算网融合的概念要素

随着算力市场的逐步发展,多项政策推动算力网络发展,科研组织机构和通信企业积极开展算网融合的相关研究探索,但当前业界尚未形成统一、严格的算网融合概念及定义。

1.3.1　政策层面

我国多个政策文件提到了云网协同、云网融合、算力网络等概念,如表 1-2 所示,算网融合已成为政策共识。我国主要城市也提出了一系列涉及算网融合相关概念的政策文件,如表 1-3 所示。

表 1-2　近年我国涉及算网融合概念的主要政策文件

出台时间	出台单位	政策文件	主要内容
2021 年 5 月	国家发展改革委、中央网信办、工业和信息化部、国家能源局	《全国一体化大数据中心协同创新体系算力枢纽实施方案》	支持政府部门和企事业单位整合内部算力资源,对集群和城区内部的数据中心进行一体化调度;支持公有云、行业云等领域开展多云管理服务,加强多云之间、云和数据中心之间、云

出台时间	出台单位	政策文件	主要内容
			和网络之间的一体化资源调度;支持建设一体化准入集成验证环境,进一步打通跨行业、跨区域、跨层级的算力资源,构建算力服务资源池
2021 年 7 月	工业和信息化部	《新型数据中心发展三年行动计划(2021—2023 年)》	加快新型数据中心运营管理等软件层,以及云原生和云网编融合等平台层的关键技术和产品创新,加强新型数据中心设施、IT、网络、平台、应用等多层架构融合联动
2022 年 1 月	国务院	《"十四五"数字经济发展规划》	推动云网协同和算网融合发展,加快构建算力、算法、数据、应用资源协同的全国一体化大数据中心体系,打造智能算力、通用算法和开发平台一体化的新型智能基础设施
2022 年 2 月	国家发展改革委、中央网信办、工业和信息化部、国家能源局	《关于同意粤港澳大湾区启动建设全国一体化算力网络国家枢纽节点的复函》等 4 项(除粤港澳大湾区外还包括成渝地区、京津冀地区、长三角地区)	通过云网协同、多云管理等技术构建低成本的一体化算力供给体系,重点提升算力服务品质和利用效率,打通"数"动脉,织就全国算力一张网
2023 年 2 月	中共中央、国务院	《数字中国建设整体布局规划》	促进东西部算力高效互补和协同联动,引导各类数据中心梯次布局
2023 年 10 月	工业和信息化部、中央网络安全和信息化委员会办公室、教育部、国家卫生健康委员会、中国人民银行、国务院国有资产监督管理委员会	《算力基础设施高质量发展行动计划》	增强异构算力与网络的融合能力,通过网络的应用感知和资源分配机制,及时响应各类应用需求,实现计算、存储的高效利用

续　表

出台时间	出台单位	政策文件	主要内容
2023 年 12 月	国家发展改革委、国家数据局、中央网信办、工业和信息化部、国家能源局	《关于深入实施"东数西算"工程加快构建全国一体化算力网的实施意见》	统筹通用、智能、超级算力的一体化布局,促进算力供给、调度、使用及结算智能化,提升算力网络传输效能,探索算网协同运营机制,构建跨区域算力调度体系

表 1-3　近年我国主要城市涉及算网融合概念的主要政策文件

主要城市	时间	出台单位	政策文件	主要内容
北京	2021 年 7 月	中共北京市委办公厅、北京市人民政府办公厅	《北京市关于加快建设全球数字经济标杆城市的实施方案》	在市内统筹各类政务云、公有云、私有云等算力中心资源,加快京津冀区域数据中心协同布局,形成京津冀区域梯次建设、算力一体化的协同发展格局
	2022 年 11 月	北京市人民代表大会常务委员会	《北京市数字经济促进条例》	加快建设绿色的、可持续发展的算力基础设施,形成周边城市一体化的算力集群,并加强京津冀算网一体化布局
上海	2022 年 6 月	上海市通信管理局	《新型数据中心"算力浦江"行动计划(2022—2024 年)》	提出多元算力协同、提升网络质量和云边协同,形成算力网络一体化调度和结算体系
	2022 年 6 月	上海市经济和信息化委员会、上海市发展和改革委员会	《关于推进本市数据中心健康有序发展的实施意见》	支撑区域间算力资源高效协同、构建数据中心梯次布局,持续提升数据中心网络支撑能力

续　表

主要城市	时间	出台单位	政策文件	主要内容
上海	2023 年 4 月	上海市经济和信息化委员会	《上海市推进算力资源统一调度指导意见》	发挥政府调控和市场主体作用,新型算力生态体系包含资源整合配置、算力高效调度、数据贯通共享、应用安全可靠、产业协同发展特征
	2023 年 9 月	上海市人民政府	《上海市进一步推进新型基础设施建设行动方案(2023—2026 年)》	构建泛在互联的高水平网络基础设施,建设云网协同的高性能算力基础设施
	2023 年 11 月	上海市经济和信息化委员会、上海市发展和改革委员会、上海市科学技术委员会、中共上海市委网络安全和信息化委员会办公室、上海市财政局	《上海市推动人工智能大模型创新发展若干措施(2023—2025 年)》	对租用纳入本市统筹调度的算力进行大模型研发的本市主体,经评估给予最高 10% 的租用补贴;建设市域极速智能算力承载网
	2023 年 12 月	上海市人民政府办公厅	《上海市促进在线新经济健康发展的若干政策措施》	市级智能算力统筹调度平台,使先进算力调度和供给能力规模化
深圳	2023 年 12 月	深圳市工业和信息化局	《深圳市算力基础设施高质量发展行动计划(2024—2025)》	统筹优化算力基础设施布局、打造多元算力供给体系、提升存力高效保障能力、提升算力运载能力并促进绿色低碳算力发展
重庆	2023 年 12 月	重庆市通信管理局、重庆市经济和信息化委员会、中共重庆市委网络安全和信息化委	《重庆市算力网络发展"算力山城 强算赋能"行动计划(2023—2025 年)》	到 2025 年,建成算力多元、智能算力突出、互联互通、弹性调度、存储高效、绿色低碳、安全可靠的算力网络

主要城市	时间	出台单位	政 策 文 件	主 要 内 容
		员会办公室、重庆市教育委员会、重庆市卫生健康委员会、中国人民银行重庆市分行、重庆市国有资产监督管理委员会		基础设施,构建全局性、系统性算力网络监管机制,算力网络生态不断完善,打造全国算网融合发展高地

可以发现,各项政策均提到了算力基础设施的科学布局与加速建设、构建多元算力供给体系、完善高速互联网络、强化统筹调度、创新应用场景等,反映出算网融合发展的主要趋势和重点方向。

1.3.2 科研组织机构层面

科研组织机构层面尝试提出具有普适意义的算网融合概念,大方向趋于一致,但概念细节不尽相同。

中国通信标准化协会算网融合产业及标准推进委员会(CCSA TC621)在《算网融合技术与产业白皮书》中提出,算网融合是以通信网络设施与异构计算设施融合发展为基石,将数据、计算与网络等多种资源进行统一编排管控,实现网络融合、算力融合、数据融合、运维融合、智能融合以及服务融合的一种新趋势和新业态。"融合"是其基本特征,具体体现在融合架构、融合技术、融合设施以及融合服务四个方面。

(1)算网融合是一种多维度的融合架构,涉及算网设施、算网平台、算网应用、算网安全四个方面。

(2)算网融合是一种 ICT 演进的融合技术,包含计算网络化技术和网络计算化技术,两者相互协同,实现对计算、传输、存储等各项资源的统一管控,支撑算网融合上层应用。

(3)算网融合是聚焦"计算"+"网络"的融合设施,以算力设施为支点、网络设施为能力底座,融合人工智能、大数据等新技术,是一种融合信息基础设施的典型体现。

（4）算网融合是集弹性、敏捷、安全于一体的融合服务，为垂直行业用户提供了连接即服务（network as a service，NaaS）、算力即服务（communication as a service，CaaS）和安全即服务（security as a service，SaaS）三种综合服务能力。

中国信息通信研究院的穆琙博等认为，算网融合是指多元异构、海量泛在的算力设施通过网络连接形成的一体化算网技术与服务体系，呈现算力资源高效集约、算网设施绿色低碳、算力泛在灵活供给、算网服务智能随需四大特征。

中国工程院院士孙凝晖团队认为，算网融合使得网络从以前的连接算力转为能够感知、承载和调配算力，并提出高通量低熵算力网（"信息高铁"）新型基础设施，认为其本质是高效、可控、智能化的大规模分布式计算系统，要将广域环境中的云、网、边、端算力资源高速连接在一起，形成高效的算力互联基础设施，为行业用户提供高通量、高品质、高安全性的智能信息服务，包括"人-机-物"三元融合的计算模式、高通量计算性能、高品质用户体验以及全生命周期应用效率四项突出特征。

鹏城实验室提出中国算力网，推动全国范围内的人工智能计算中心连接成网，通过全网算力、数据和生态的汇聚与共享，实现泛在算力协同、绿色集约布局、全网交易流通，构建区域内可感知、可分配、可调度的人工智能算力资源。

哈尔滨工业大学教授赵先明认为算网融合不是某一个单点的技术，而是一种未来网络的架构，描述了连接海量数据和高效算力，向千行百业提供智能服务的网络架构。架构包含算力的服务化，以及数据和算力之间的高效调度。算网融合强调借助信息通信网络协同异构算力资源，实现了计算能力的统一调度和编排，全面重构了网络服务方式和计算模式。

1.3.3 通信企业层面

作为服务国家战略的"国家队"和"排头兵"，电信运营商已成为打造算力网络的主力军。其普遍认为算力网络的特征是算网共生，需要实现从云网一体到云网融合的过渡，从而实现算力和数据的有效连接，能够便捷地获取算力以支撑数据高效处理的需求。通过使算力与网络在形态和协议方面深度融合，形成类似水、电的一体化基础设施。但究其细节，不同电信运营商的落地实施方案各有侧重。

中国移动强调算力网络,实现多要素融合,但未明确具体应用场景。算力网络以算为中心、网为根基,多种信息技术深度融合。在《中国移动算力网络白皮书》以及《算力感知网络 CAN 技术白皮书》中,中国移动提出将算力网络从功能上分为算网基础设施层、编排管理层和运营服务层,分为泛在协同、融合统一、一体内生三个发展阶段。通过不同地域泛在算力在物理空间中的融通,中心、边缘、端侧算力在逻辑空间中的融通,以及通用算力和专用算力在异构空间中的融通,实现算力跨地域、跨层级、跨场景的统筹运用。其中,泛在协同是指算网彼此独立,各自编排,但布局协同,并开通协同服务入口,满足一站开通;融合统一是指算网可融合编排,算网大脑可对算网资源统一管理、编排调度;一体内生是算力网络发展的目标阶段,此时,算网边界彻底打破,算网大脑智慧内生,算网需求可预测、可视化,具体特征包括设备一体化、协议一体化、调度一体化、服务一体化。目前,算网融合正在加速推进,需进一步强化算力底座,为上层算网融合应用打下基础。

中国联通认为,算力网络是随云化网络技术演进的新阶段,但目前应用场景试点主要以云边端协同为主,未进行场景拓展。在《云网融合向算网一体技术演进白皮书》中,中国联通提出需要提供六大融合能力,包括运营融合、管控融合、数据融合、资源融合、网络融合、协议融合,通过将算力资源在云边端之间有效配置,实现算力的融合服务,更为侧重互联网数据中心(internet data center,IDC)、云计算、大数据等算力分布的规划调度能力。中国联通将算力网络架构分为服务提供层、服务编排层、网络控制层、算力管理层、算力资源层、网络转发层等功能模块。

中国电信强调云网融合,形成云网一体化供给,主要是结合自身业务,未拓展到泛在算力与网络融合。中国电信认为算力网络可以解决算力分配和资源共享问题,满足"随时、随地、随需、随形",需要从算力感知与算力评估、资源标志、多方异构资源整合、算力交易四个维度构建算力网络的多维资源。在《云网融合 2030 技术白皮书》中,中国电信提出云网融合建设目标,即实现云网资源统一定义、封装、编排,全域资源感知、一体规划运维、一体化服务,业务统一受理、统一交付、统一呈现,并将云网融合分为云网协同阶段(2021—2022

年)、云网融合阶段(2023—2027 年)、云网一体阶段(2028—2030 年)三个阶段。在云网协同阶段,云网彼此独立,可通过云网基础设施对接,实现业务自动开通加载,向用户提供一站式云网订购服务;在云网融合阶段,云网逻辑架构、组件趋同,物理层深度嵌入,在云网功能层、操作系统方面实现云网能力统一发放、调度;在云网一体阶段,云网边界消失,不再关注计算、存储和网络的资源差异,可基于业务弹性适配相应资源。

其他通信企业,如浪潮网络提出算网融合以智慧连接为基础,将分布式计算节点通过网络自动化部署、最优路由选择和流量负载均衡,构建一张可以感知算力的网络,让算力像水、电一样,可以随时随地按需使用、按量付费,实现用户体验和计算资源利用率的最优化。诺基亚贝尔认为算网融合离不开算力布局异构计算、统一互联网协议(internet protocol,IP)和全光底座、总自智能力,需要保障确定性网络的赋能价值转型。上海超算中心认为算网融合要有充足的算力供给,同时要实现算力的标准化。国家(上海)新型互联网交换中心认为一体化算力调度是算网融合深度融合发展的桥梁,互联网交换中心是我国算网融合设施底座。

1.3.4　关键概念要素的构成

算网融合概念普遍包含政策、技术、服务三个关键概念要素维度,如图 1-1 所示。以政策要求、标准、规范以及共识为基准,由算网基础设施以及融合管理技术作为支撑,由各类参与主体共同提供业务服务。

在政策层面,算网融合具备多级别、多类型、融合一体的共性特征,发展应满足国家政策和地方政策的要求。目前我国对数据中心及网络的政策要求主要涉及市场准入监管、建设布局、安全、绿色低碳、服务能力等方面内容,随着算网融合业务场景的不断涌现,现有的制度体系也将变化升级,形成新的标准体系、行业共识和业务规范。

在技术层面,算网融合是典型的融合基础设施,技术体系构成非常复杂。其一方面包含与底层算力和网络基础设施相关的技术,呈现出算网形态融合一体,算中有网、网中有算的特点;另一方面包含算网一体化、编排管理等管理技术,呈现出逐步从分布分散向集中式过渡的特征,有别于以往云网资源分别

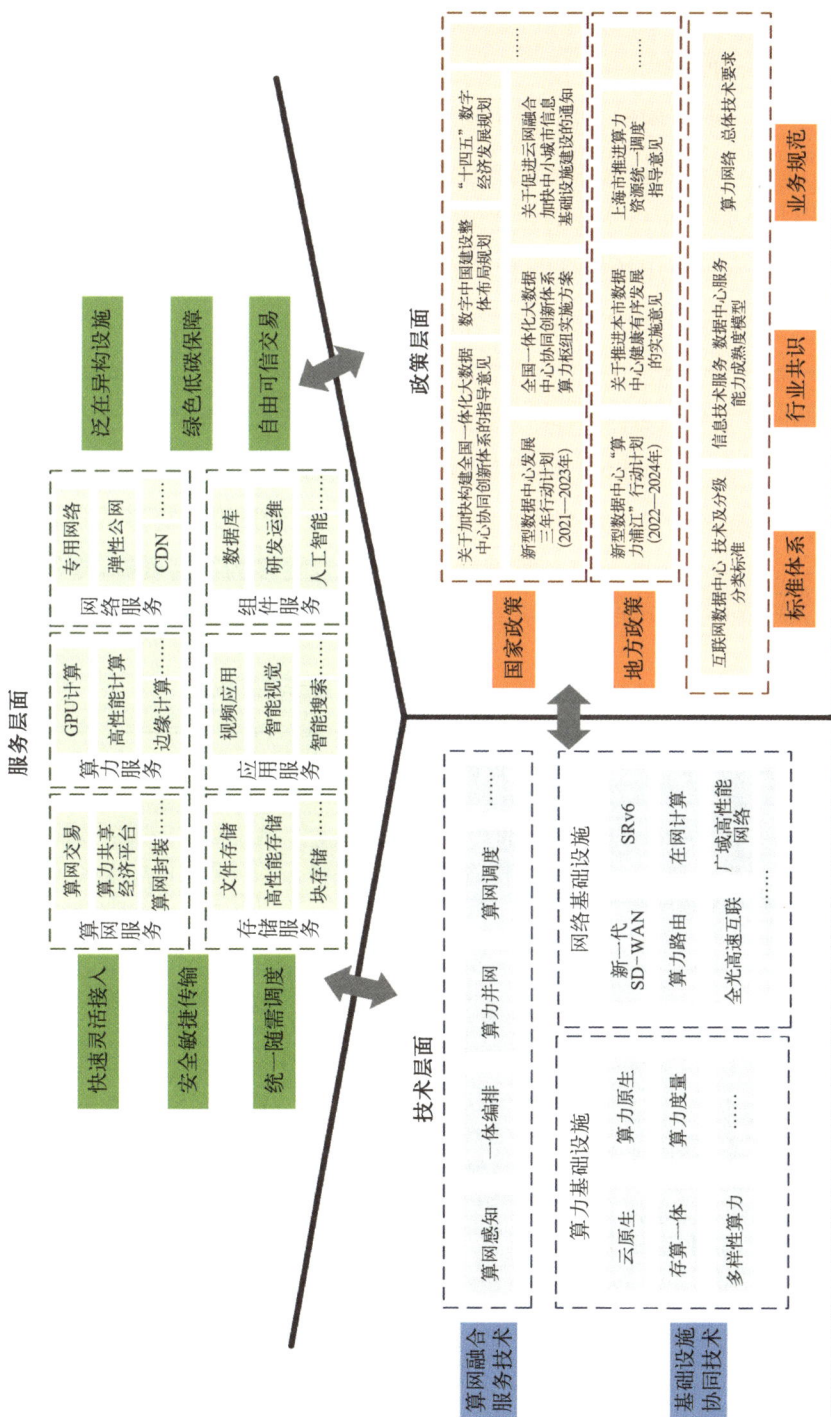

图 1-1　算网融合概念关键要素维度示意图

编排管理的态势,可全面统筹算网资源,避免算网资源分布分散管理编排时的资源配置不合理现象。

在服务层面,算网融合满足多类应用场景。近期,算网融合主要用于"东数西算"工程、云边端协同、算力基础设施间互联三大场景,实现算力专用、弹性、协同供给,服务特点主要为快速灵活接入、安全敏捷传输和统一随需调度。远期,算网融合的应用场景将更加多元,服务特点将更多地体现在泛在异构设施、绿色低碳保障、自由可信交易等方面。

算网融合的研究主体不同,侧重点也有所不同,算网融合、云网融合、数网协同三种倾向在业界同时存在,但三者在概念、运营和技术层面存在较为显著的差异,如表1-4所示。可以看出,算网融合=云网融合+云边端算力+算力网络;数网协同更多的是强调物理底座上的协同发展;云网融合更多的是着眼于云网运营商自身服务的整合。算网融合旨在整合更多的社会资源,提供社会级服务,对基础设施要求更高、更灵活开放,从概念角度来说更为全面、先进。

表1-4 算网融合与数网协同、云网融合的差异

层面	数网协同	云网融合	算网融合
概念	数据中心和网络设施相互独立,在物理基础设施层面协同发展	多云之间实现高度网络云化、云随网动、统一网络传输转发协议,实现极简转发、云网资源池统一管理	多元异构、海量泛在的算力设施通过网络连接形成一体化算网政策、技术与服务体系
运营	由不同运营主体按供需要求协商实现同步建设,并由各主体分别运营,提供基础网络服务	主要由云网运营商负责开通运营,可实现网络软件化管控,并具备体系化产品;但是仅管理自有资源,不具备算力感知、编排调度能力,无法实现云网服务弹性随需、自主定制	算网融合运营有电信运营商、云厂商、第三方企业等多种类型主体,面向社会的算网融合平台可能会由政府或第三方机构统一管理运营;由管理自有资源向管理社会资源转变,由算力建设向算力共享、算力交易转变,由割裂管理向一体管理、智能调度转变,由算网独立提供服务向算网一体服务转变,由特定性服务向标准普惠化服务转变

续　表

层面	数网协同	云网融合	算网融合
技术	无损以太网、大二层网络等数据中心内部的网络技术、基建技术	软件定义网络(software defined network,SDN)、网络功能虚拟化(network functions virtualization,NFV)、软件定义广域网(software-defined networking in a wide area network,SD-WAN)等网络云化技术,基于 IPv6 转发平面的段路由(segment routing IPv6,SRv6)等极简转发技术,资源池统一管理技术	在网计算、算网调度等算网基础设施协同技术,算网感知、算力度量、算网编排等融合管理技术

1.4　算网融合的总体情况

1.4.1　技术标准制定

国内外已逐步开展算网融合的技术标准制定工作。国际电信联盟 (International Telecommunication Union,ITU)包含 5 项标准的算力网络国际标准体系已初步建立,并形成统一术语——算网融合,覆盖了 IMT-2020 及未来网络、下一代网络演进(next generation network evolution,NGNe)、新型计算等技术领域,涉及需求、架构、服务保障、信令协议、管理编排等方向。国际互联网工程任务组(Internet Engineering Task Force, IETF)于 2019 年 2 月成立了在网计算研究组(Computing in Network Research Group,COINRG),主要面向数据中心,研究在网计算技术的需求和应用场景。2022 年 3 月,算力感知网络(computing aware network,CAN)的工作组筹备会在 IETF 第 113 次会议中召开。第三代合作伙伴计划(3rd generation partnership project, 3GPP)面向第 19 版本(Release 19,R19)也开始提出 CAN 等相关立项和讨论。

国内行业组织,如中国通信标准化协会(China Communications Standards Association,CCSA)、中国通信学会、网络 5.0 联盟、第六代移动通信技术推进组(International Mobile Telecommunications‒2030,IMT‒2030)(6G)纷纷启动了算网融合相关标准的制定工作。2021年7月,中国通信学会成立算网融合标准工作组,开始算网融合领域的团标制定工作。2022年1月,CCSA正式成立了算网融合产业及标准推进委员会(TC621),积极推动算网融合标准实施和产业化。IMT‒2030(6G)网络技术工作组已正式启动6G网络中的算网一体需求和关键技术研究。2022年1月,中国移动牵头成立了多样性算力产业及标准推进委员会(TC622),致力于推动多样性算力软硬件生态繁荣。在实验验证方面,2020年年底,中国联通在江苏南京开通了中国首个集成开放网络设备、算力服务平台和人工智能应用的一体化试验局。2021年9月,中国移动联合高校自主研发的首个分布式算力路由原型和泛在调度原型在国际信息通信展览会上亮相,有力验证了算力网络可以使能新型算网联合调度。

1.4.2 我国总体现状

总体来看,我国算网融合的发展呈现欣欣向荣的态势。从产业规模角度,市场在生态各方的努力下加速发展。据中国信息通信研究院统计,2023年我国算网融合的市场规模达到了1.17万亿元。

业界从算力和网络两个主体技术边界的角度,普遍认为可将算网融合发展过程分为三个阶段。第一阶段为算网分治,即算力和网络仅在具体应用的切面产生短暂协作,仍处于独立工作情况;第二阶段为算网协同,即算力和网络在云计算、边缘计算等较为成熟的领域结合,通过网络实现算力全覆盖分布,提升算力应用的针对性和灵活性;第三阶段为算网一体共生,可以根据实际情况选择分治或协同,也能够通过一体化架构实现各行业的生产力统一供给,建立多项信息服务新模式,增强算网资源合理配置能力。

"东数西算"工程从系统布局进入了全面建设阶段。根据国家发展改革委、国家数据局等的统计数据,十大数据中心集群规划超620万个标准机架,截至2024年第三季度末,在用数据中心机架总规模超过211万个,机架数同比增长超过100%,对集群起步区内新建数据中心的集约化、一体化、自主化提出了新的要求。由此可判断,我国算网基础设施普遍处于部署阶段,仍处于算网融合发展的第一阶段,计划在 2025 年内实现第二阶段目标,在 2030 年内达成第三阶段目标。

1.4.3 典型城市现状

1) 北京市

北京市除了在统筹"东数西算"工程京津冀全国一体化算力网络发展方面发挥着重要的核心驱动力作用之外,也大力发展算力基础设施建设工程。根据北京市经济和信息化局的数据,截至 2023 年底,北京市已形成 12 000 PFLOPS 的算力供给规模。中国信息通信研究院发布的《中国综合算力指数(2024 年)》显示,北京市综合算力指数位列全国第五。

从算力布局角度,北京市重点推进海淀区、朝阳区、亦庄、京西(包括石景山和门头沟)等 E 级智能算力高地的集约化建设,构建以"内蒙古(和林格尔、乌兰察布)—河北(张家口、廊坊)—北京—天津(武清)"为主轴的京津冀蒙算力供给走廊,正在逐步形成梯度分布、布局合理、功能完善的区域协同算力供给体系。截至 2023 年底,北京市已经建成或正在建设的智能计算中心包括北京人工智能公共算力中心、石景山智能算力中心、北京昇腾人工智能计算中心、华章数据北京一号智算中心、北京数字经济算力中心、北京亦庄人工智能公共算力平台等数十个项目。

在互联网络方面,北京市持续推进市内、环京与京津冀算力互联的全光运力网络建设,统筹建设重点算力中心直连网络,联通全市主要算力资源,网络通信带宽达到 400 Gbps 以上,打造全市 1 毫秒、环京 2 毫秒、京津冀 3 毫秒时延圈。

在算力调度方面,北京市拟建设算力互联互通和运行服务平台,依托算力互联互通体系,旨在服务京津冀蒙及我国西部、北部地区的综合性算力枢纽型设施,预计首批入驻算力服务商约 30 家,算力资源达 500 000 PFLOPS 以上。此外,由北京亦庄智能城市研究院牵头,中国电信、京东、华为、阿里云、中科曙光、腾讯等 11 家行业龙头企业参与建设的北京市经济技术开发区算力调度服务平台已完成关键技术验证工作,着力打造国内首个超大规模、多源异构、多算一体、安全可信、生态融合的算力调度服务平台,支持通用算力、超算算力、智能算力等异构算力的统一接入、统一封装、统一调度，并结合差异化需求，提供最佳计算、存储、网络等资源的分发、关联与调配。

2）上海市

上海市在探索算网融合新发展的课题方面始终走在国家前列、积极做出示范。根据上海市通信管理局的数据，截至 2024 年中，上海市建成的通用算力规模达 7.7 EFLOPS(FP32)，智能算力规模超 54 EFLOPS(FP16)。根据中国信息通信研究院发布的《中国综合算力指数（2024 年）》，上海市综合算力指数全国排名第三，算力指数全国排名第二。

从行业组织层面，上海市通信学会"算力浦江"专委会已构建由基础电信、数据中心、云服务、服务器、算力芯片、算力存储、绿色节能等 100 余家各领域企业组成的算力产业生态圈，尤其是依托上海市芯片产业领先优势，专委会中芯片企业占比超 17%。

从基础设施布局角度，上海算力基础设施集群化态势显著。根据上海市通信学会"算力浦江"专委会组织编制的《上海市算力基础设施发展报告（2024年）》，截至 2024 年中，上海市域在用数据中心（指物理标准机架超 100 个的单数据中心）共 127 个、涉及标准机架（以功率 2.5 千瓦为一个标准机架）57.4 万个，其中已布局超大数据中心 13 处，主要集中在临港新片区、青浦区、金山区、松江区、嘉定区等外环外区域，正逐步向"两核一带"①的算力空间布局演进。在边缘算力中心方面，在上海市通信管理局的组织下，三大电信运营商将启动超 60 个特色产业园区的边缘数据中心规划建设。

上海市也是全国最重要的智能计算中心集聚地之一。根据上海市经济和信息化委员会公布的数据，近年上海市共审批了超 30 个数据中心项目，将重点推进智能算力部署。智能计算中心"一平台、五中心"的格局初步形成，上海超级计算中心（上海市人工智能公共算力服务平台）、腾讯长三角人工智能先进计算中心、阿里云华东智能算力中心、商汤科技人工智能计算中心、上海有孚临港云计算数据中心等一批智能计算中心已正式投产。根据《上海市智能算力基础设施高质量发展"算力浦江"智算行动实施方案（2024—2025 年）》，预

---

① "两核"指长三角生态绿色一体化发展示范区及临港新片区；"一带"指郊区外环带。

计 2025 年底,上海市智能算力总规模将超 70 EFLOPS。上海市主要智能计算中心建设情况如表 1-5 所示。

表 1-5　上海市主要智能计算中心建设情况

智能计算中心名称	地点	投入运营时间	算力供给厂商	已建规模(FP16)	未来规模	主要业务方向
商汤科技人工智能计算中心(商汤临港 AIDC)	临港新片区	2022 年	商汤科技	14 000 PFLOPS	预计 30 000～50 000 PFLOPS	安全、医疗、交通、娱乐、自动驾驶
腾讯长三角人工智能先进计算中心	松江区	2021 年	腾讯	—	15 000 个机柜	零售、政务云、智慧城市
阿里云华东智能算力中心	金山区	2025 年	阿里云	—	10 000～15 000 个机柜	金融、物流、新零售
上海有孚临港云计算数据中心	临港新片区	2022 年	英伟达	2 010 PFLOPS	—	IDC 服务
中国电信天翼云临港智算中心	临港新片区	2024 年	国产	—	15 000 张加速卡	大模型、企业平台、生物制药等
仪电智算中心	松江区	2024 年	国产	—	超 10 000 张加速卡	—
中国电信青浦云湖数据中心	青浦区	—	国产	—	4 000 个机柜	—
中国联通上海临港国际数据港	临港新片区	2022 年	—	420 PFLOPS	—	医疗、元宇宙、数字孪生

中国信息通信研究院相关数据拟合显示,至 2025 年我国智能算力需求规模约是 2022 年的 7 倍,增长率将超过 99%,如表 1-6 所示。预估上海市智能算力全国占比 11% 左右,2025 年上海市智能算力需求量可达到 125.3 EFLOPS,上海市范围内智能算力承载能力不足以应对,需要通过算网融合加速融入"东数西算"工程,推进资源的优化配置。

表 1-6 我国及上海市算力需求类型结构预测

算 力 类 型	年 份			
	2022 年	2023 年	2024 年	2025 年
我国智能算力/EFLOPS	156.81	293.37	568.31	1 131.12
我国超算算力/EFLOPS	2.5	2.5	2.5	2.5
我国通用算力/EFLOPS	124.19	157.73	200.31	254.4
我国智能算力增长率/%	76.76	87.09	93.71	99.03
上海市智能算力全国占比/%	11.70	11.58	11.45	11.33
上海市智能算力/EFLOPS	17.98	33.21	63.61	125.3

算网融合的进一步发展促使网络质量提升,上海市预计于 2025 年前进一步完善省际专线、光缆等网络设施,完成 3 500 千米主干光缆建设。但从网络接入级别看,上海市仍然以城域网、省级骨干网为企业主要网络接入方式,与长三角区域和其他枢纽之间的协同联系不强。根据上海市通信管理局的统计数据,截至 2024 年中,上海市数据中心接入国家级骨干网 16 个、省级骨干网 75 个、城域网 19 个,支持 IPv6 的数据中心占比约 43%。

在算网调度方面,上海市正在探索构建基于国家(上海)新型互联网交换中心的算网调度中心,目前已初步构建"3+1+N"("3"——三大电信运营商依托集团实现跨区域调度;"1"——交换中心负责本市调度;"N"——N 家算力中心接入调度平台)的算网调度体系。上海算力交易平台是依托国家(上海)新型互联网交换中心的交换架构独特性,先行、先试,探索打造的全国首个算力交易集中平台,截至 2024 年中已归拢通用算力资源 6 334 PFLOPS、智能算力资源 1 816 PFLOPS。

3) 重庆市

重庆市作为国家"东数西算"工程全国一体化算力网络八大枢纽节点之一,根据《重庆市算力网络发展"算力山城 强算赋能"行动计划(2023—2025年)》,将致力于构建云、边、端协同,算、运、存融合一体化的算力网络体系,以实现资源的集约化建设和高效利用,打造全国算网融合发展高地。根据《2023

重庆市信息通信业发展蓝皮书》公布,截至 2023 年底,重庆市算力规模预计超过 10 EFLOPS。

在基础设施布局方面,根据重庆市通信管理局公布的数据,目前重庆已投产 2 个超大型数据中心、11 个大型数据中心、40 个边缘数据中心,建成 3 个智能计算中心和 1 个高性能计算中心,初步形成以两江新区、西部(重庆)科学城、重庆经开区为核心,万州区、涪陵区、九龙坡区、南岸区、巴南区、长寿区等地多点布局的一体化大数据中心体系。其中,仅在两江水土国际数据港,就已汇聚 10 个大型数据中心,建成机柜 3.2 万个,可容纳服务器 48 万台,形成了较大规模的数据中心集群,支撑政务、视频、游戏、金融、工业、电子商务、创业创新等多个领域和产业快速发展。位于两江水土国际数据港的中国移动(重庆)数据中心,是重庆已投产的体量最大的数据中心。目前,该数据中心一、二期项目已建成投用,形成近 1.3 万个机柜、13 万台服务器的规模,互联网出口带宽达 24 000 Gbps,具备了为智慧商业、智慧医疗、智慧工业等行业提供超强算力资源服务的能力。

在网络方面,重庆推动算力设施间网络传输效率持续提升,基本实现主城都市区内算力设施间网络时延不高于 1 毫秒、全市算力设施间网络时延不高于 3 毫秒。

在算力调度和算力交易方面,重庆市已经取得一些进展。例如正在建设的重庆市算力互联互通平台是中国西部首个算力互联互通平台,为跨域算力用户提供算力资源信息、算力需求发布和算力供需态势分析等核心功能,预计 2025 年可聚集超过 1 000 PFLOPS 算力资源。再如,明月湖人工智能公共算力共享服务平台是根据重庆市首个"算力券"政策《明月湖"算力券"政策措施(试行)》建设的算力共享服务平台,促进算力资源的共享和高效利用。重庆市积极推进"疆算入渝"项目,该项目已纳入国家数据基础设施试点试验,以更加便捷地获取新疆等西部地区的算力资源,实现算力资源的跨区域调度与共享。

4)深圳市

深圳市作为中国南部的重要科技创新中心,亦是粤港澳大湾区算力网络国家枢纽节点的关键一环。根据《深圳市算力基础设施高质量发展行动计划(2024—2025)》,深圳将打造"多元供给、强算赋能、泛在连接、安全融通"的中国算网城市标杆。

在基础设施布局方面,深圳市按照"城市＋园区＋边缘"的总体布局原则,加快推进多层次、多类型的算力供给体系建设,预计2025年深圳全市数据中心将拥有50万个标准机架。为加快打造人工智能先锋城市,深圳市构建"一超多强总调度"智能算力体系,重点打造南山区、福田区、宝安区、龙岗区等区域的智能算力高地,为推动"鹏城云脑Ⅲ"连接全国资源打造核心节点。深圳市也是全国首个探索"算力飞地"发展模式的城市,与韶关市、贵安市等地合作共建了多个算力飞地项目,如华南数谷智算中心等,提升整体城市算力供给能力。

在网络方面,深圳市打造极速先锋城市,构建城市内1毫秒—大湾区3毫秒—全国20毫秒时延圈。国家(深圳·前海)新型互联网交换中心是深圳时延圈建设的重要支撑,通过"一点接入、多点联通"的方式,实现企业间数据的快速交换和传输。

在调度及交易平台方面,深圳市前海管理局、国家(深圳·前海)新型互联网交换中心等共同发布了粤港澳大湾区算力调度平台,探索算力按需调度、数据可信流通、应用开箱即用的"数算用一体化"服务,首批入驻企业超10家。

5)国外主要城市

(1)美国田纳西州孟菲斯市。孟菲斯市依托人工智能公司xAI与算力龙头企业英伟达,将成为美国算力网络融合领域新的重要数据节点。xAI的训练集群Colossus拥有高达10万个英伟达H100 GPU,是迄今世界上最大的GPU计算集群,预计2025年该集群的规模可扩大至20万个GPU,其中包括5万个更为先进的GPU,获取更具竞争力的处理能力。

(2)美国加利福尼亚州雷德伍德城。雷德伍德城是著名企业Equinix的所在地。Equinix在全球数据中心行业中占据领先地位,同时也是全球顶尖的数据运营商,其在美洲、亚太、欧洲及中东的14个国家(地区)的31个市场中运营着多达94个国际业务交换中心。Equinix的全球重要客户阵容强大,包括亚马逊网络服务、微软Azure、Salesforce、eBay、领英、Netflix、通用电气、雪佛龙、彭博社、纳斯达克、AT&T、T-Mobile等众多知名公司。在雷德伍德城的Equinix IBX中心,该公司已经接入超过900家网络运营商和互联网服务提供商(internet service provider,ISP),其中涵盖了全球最大的 IP 骨干网络。在这些网络运营商客户中,既有海外的知名企业,如 AT&T、英国电信、德国电信、法国电信、KDDI、NTT、Sprint 和 Verizon,也包括中国三大电信运营商。

(3) 德国埃朗根。IBM 公司于 2024 年在德国埃朗根设立量子计算中心,作为 IBM Quantum 欧洲云区域的关键基础设施。该量子计算中心配备两台量子计算机,具备超过 100 个量子比特计算能力,目前量子计算服务仍处于测试阶段。德国电信积极与 IBM 在量子计算领域开展合作,共同推动量子计算的发展。

(4) 英国伦敦。伦敦市政府与普洛斯资本旗下全球数据中心平台 Ada Infrastructure 达成合作协议,计划在英国伦敦东部区域建设最大的数据中心园区,预计于 2027 年投入使用。该数据中心将作为 Ada Infrastructure 在英国的重要项目,实现可持续性、安全性和保障性,满足新型算力工作负载需求。Ada Infrastructure 数据公司还积极与英国本土网络运营商展开合作,致力于整合并构建泛欧洲一体化算力网络。

(5) 日本东京都市圈。东京都市圈内数据中心建设呈现出加速集聚的趋势。东京都市圈内的千叶县印西市最初是作为东京市区的卫星城而规划的,随着数据中心产业在这里兴起,谷歌、亚马逊、日本 NTT 数据集团等全球 IT 巨头纷纷入驻。目前,该市已拥有 11 座大型数据中心,且仍在持续增长。预计在未来,随着剩余空间的开发,数据中心的总数将达到 14～15 座。此外,得益于早年在网络基础设施方面的大量投入,日本最大的电信运营商 NTT 在东京都市圈附近建立了全日本规模最大的机房集群,并且由都市圈开始向外辐射至全日本。

1.5 算网融合的主要参与体

算网融合涉及众多要素、领域、行业,参与体在该领域的行动呈现出复杂多样、充满变化的特征,参与方既是算力供给方,又是算力使用方,角色更加复杂,对参与者能力的要求也在发生变化,但融合需求和一体化建设始终是算网融合建设的重点。产业层面对算网融合的参与主体认知较为一致,主要包括电信运营商、云厂商、设备厂商和垂直行业用户四类,如图1-2所示。特别说明,国家新型互联网交换中心具备试点和中立特性,不具备产业倾向,故在本节中不作讨论。

图1-2 算网融合参与主体分类示意图

1.5.1 电信运营商:通用算力和网络的主要提供者

自5G商用以来,电信运营商网络云化的趋势越来越明显,控制面功能云化并与用户面解耦,将运营、业务和管理支撑系统都纳入云平台进行统一协调,构建了基于服务的网络体系。中国的电信运营商是全球少有的运营商和云厂商,更愿意探索算网融合,是通用算力和网络的主要提供者,希望建成像通信、电力网络一样的算力网络。

现阶段电信运营商主要提供的服务包括高速弹性、可靠灵活的算网服务和通用算力服务,但云网融合尚未完全实现业务智能编排调度。中国移动在2022年中国算力大会上发布"算网服务1.0",主要围绕多可用区(availability zone,AZ)精品算力新基础设施、全系列云网融合新产品、高性能资源编排新能力和赋能新型行业解决方案等四方面进行。中国联通研究院在《中国联通算力服务原生白皮书》中发布"连接+感知+计算+智能"的算力一体服务体系,开发了云组网、云联网等多款云网协同产品。中国电信基于云原生和跨域大规模调度技术打造"息壤"智能算网调度平台,提供的算力网络产品形态包括算力调度引擎、边缘容器集群、Serverless 边缘分布式容器、作业调度引擎批量计算等。

未来,电信运营商在持续强化网络基础设施建设、网络云化改造的基础上,将强化算力一体、编排管理技术、算力交易技术创新,配合开展"东数西算"工程及行业应用层面的算网融合体系建设。电信运营商需加强底层网络基础设施建设,提供光互联、光灵活调度、专线等高速传输技术支撑;加强网络云化技术的研究和应用,形成对 SRv6、SD‐WAN、应用感知、网络切片的支撑;积极引入网络自动驾驶技术,实现对网络的高效运维控制,加强通用算力建设,对算力设施进行云原生、算力原生技术改造;支持一体化、编排管理及运营服务。

1.5.2　云厂商:通用云计算和智能算力的主要提供者

云厂商在云技术、云服务及相关产业生态等方面具备天然优势。对阿里云、浪潮、华为等代表性云厂商的调研结果显示,在算力上下游产业链中,直接为政企提供算力服务的通常是云厂商,其更强调市场化和公平竞争。

现阶段云厂商主要以提供高可靠、弹性可伸缩的计算服务为主,但未掌握网络权限,难以实现多云互联和业务智能调度。通用云计算发展已进入深水区,各大云厂商积极布局"东数西算",定位各有所长。如阿里云认为云计算是发展通用人工智能的最优解决方案,主要服务方式包括云服务器、云数据库、云安全、云存储、企业应用等;腾讯云实施分布式云战略,融入微信生态的终端场景,提供本地专用集群、边缘可用区、专属可用区等各种产品;优刻得定位为中立、安全的云计算服务平台,提供自主研发的基础设施即服务(infrastructure as a service,IaaS)、平台即服务(platform as a service,PaaS)、大数据流通平台、人工智能服务平台、内容分发网络(content delivery network,CDN)等服务。

云厂商纷纷斥重资布局数据中心、发展低碳算力、加强服务器芯片等后备力量,将强化算力基础设施技术创新、算力一体、编排管理技术创新以及算力交易技术创新等方面能力,配合开展"东数西算"工程及行业应用层面的算网融合体系建设,以及定制化开展满足自身业务需求的算网融合体系。具体包括加强算力基础设施建设,积极利用云原生、算力原生/卸载进行云平台及底层算力基础设施改造;构建涵盖多种算力的算力基础设施体系,形成通用、智能、边缘等多样化算力的资源池,为算力调度体系建设提供算力储备;积极开展数据中心内部网络改造,提升算内网络数据传输速率及可靠性,支持 SDN、网络切片技术;支持一体化、编排管理及运营服务。

1.5.3 设备厂商:融合软硬件产品提供者

通信产业分工明确,设备厂商长期向运营商提供网络设备和解决方案,同时也向云厂商销售服务器等硬件产品,拥有多年积累的稳定市场、雄厚的技术实力和逐步推进的全栈全周期服务能力。

目前,设备厂商主要聚焦算网融合发展的技术创新和设备研发,提供高性能软硬件设备,以及自动、智能的解决方案。中兴通讯于 2022 年发布支持 SRv6 压缩、随流检测、比特索引显式复制(bit index explicit replication,BIER)组播、精准时延抖动 SRv6 等技术的满足工业应用的算力敏感 IP 网络方案 CLOUD IP 4.0,同时全面启动基于 IPv6 的兼容性增量创新方案的 CLOUD IP 5.0 预研。华为面向下一代数据中心推出 Cloud Engine 系列高性能数据中心交换机,并基于此提出超融合数据中心网络 CloudFabric 3.0 解决方案,将 iLossless 智能无损算法引入网络连接,可基于实时感知的网络流量状态动态调整参数配置,极大地提升了算网资源编排调度效率。浪潮的服务器全球市场占有率排名第一,其打造了人工智能计算产品阵列,涵盖训练、推理、边缘等全栈人工智能场景,全面支持 GPU、FPGA、ASIC 等各类人工智能计算芯片,率先推出符合基于开放计算项目(open compute project,OCP)的硬件加速模块(OCP accelerator module,OAM)标准的人工智能计算开放加速系统 MX1,提供了领先的智能算力基础设施能力。光模块是连接算力的核心组件,是算网融合的关键设备,上海剑桥科技正在进行下一代 400 G 硅光和 800 G 硅光模块的开发,同时对包括用于下一代数据中心的共封装光学(co-package optics,CPO)产品在内的相关光电混合封装技术进行研究,以更加匹配目前人工智能大算力的传输要求。

未来,设备厂商将持续强化算网融合软硬件设备技术改造升级等方面的能力,包括根据运营商、互联网厂商、第三方服务商及行业客户需求对通信产品的功能、性能进行改进,形成支持算力设施和网络设施升级改造、强化算网一体化、编排管理及运营服务的算网融合软硬件产品的定制化设备研究能力,以适应特殊的算网融合需求。

1.5.4　垂直行业用户:通用云算力、智能算力、边缘算力的主要使用者

根据 Gartner 对信息技术基础设施领域云计算未来发展趋势的预测,至2025 年,85%的企业和组织的应用将部署在云端,垂直行业用户的多样化需求将驱动算网融合发展。

目前,垂直行业用户主要为自身业务、消费者、员工提供云边端算力服务。未来,垂直行业用户将主导开展面向行业的算网融合体系建设,对接行业算力平台,在利用算网融合实现云边端算力高速流通、面向终端设备提供高效泛在的服务、积极参与算力交易和共享等方面持续拓展,包括积极提出算网融合技术需求,与电信运营商、云厂商、设备厂商开展技术合作;加强云边端算力基础设施建设,积极利用云原生、算力原生/卸载进行云平台及底层算力基础设施改造。

在税务、财务、交通、社保、卫生等党政军行业领域,垂直行业用户参与算网融合的主要方向是基础算力(如计算存储和信创)、智能算力(如人脸识别和推理)、高性能算力在科学计算方面的应用,高安全上云专线和云互联等云专线服务,以及智能运维管理能力、机房机架基础资源等。

在汽车制造、工业园区、生物制药等工业制造行业,垂直行业用户参与算网融合的主要方向是基础算力(如企业上云)、数据不出园/厂、智能算力(如质检识别和品质控制)、低时延高安全上云专线等云专线服务、园区机房等。

在医疗、金融、交通等有企业上云需求的行业中,垂直行业用户参与算网融合的主要方向是基础算力(如业务系统上云、高精度定位、智慧设备),智能算力(如图像分析、图像辅助识别、辅助驾驶),高安全上云专线、低时延高带宽上云专线等云专线服务。

此外,根据国际数据公司预测,以家庭智能服务网关为代表的智能家居将逐步成熟,市场规模快速增长,预计 2025 年将突破万亿大关。在家庭服务场景中,云计算机、云手机、云游戏、家庭智能服务网关等都是家庭用户参与算网融合的主要方向。

1.6 算网融合面临的挑战

算网融合目前正处于初级发展阶段,各方面都面临着从无到有、逐渐完善的挑战。通过对1.2节和1.4节进行研究分析可以发现,算网融合发展所面临的关键挑战主要包括以下三个方面。

1)市场供需有待挖掘

尽管当前泛在、异构算力需求场景大量涌现,算网服务质量需求快速提升均对算网能力提出较高要求,算网融合的大规模应用仍尚未出现。一方面,尚无划分主体责任的规范或准则出台,算力提供者、网络运营者和服务使用者的责任边界较为模糊,容易造成算网资源重复使用,阻碍多领域的规范化示范应用实现。另一方面,与算网融合相关的产业规模庞大且复杂,产品呈现多源、异地、异构的特征,算网融合的实施方案难以形成跨厂商、跨应用、跨地域的交互和统一。

2)技术条件有待增强

首先,当前业界对算网融合尚未出台完整的技术标准体系。算网融合关键技术仍处于动荡发展过程中,尚未形成收敛态势,在建设算力枢纽的过程中仍存在一定技术选择风险。同时,算网融合在概念定义、应用场景、服务能力等方面尚未形成统一的标准。

其次,如国家超级计算中心、三大电信运营商建设的数据中心和网络、定制化数据中心等各类基础设施由不同主体独立建设,其各自的标准、技术、运营主体、经营管理模式、服务对象领域均有所差异,在融合架构、层间接口、协议、转发设备、调度引擎以及分发调度平台等很多方面还是几近空白。业界普遍采用试点试验的方式,根据实际需求不断调整部署方案,但尚未形成统一、开放的平台以供技术验证。

最后,现有网络能力不足以为算网融合提供有效支撑。一是对泛在边端设施的连接能力不足,随着移动通信终端设备、智能传感终端设备的大量应用,算力供给形式逐步从早期的云端集中向云边端多级、分散、无序的泛在算力供给形式演进,算力归属多方,且越向下算力分布越广泛,算力碎片化、差异化、异构化的属性也越强。二是算网管控入口不统一,不同领域、不同网络、不同算网资源池在入口开通、管理控制和资源调度方面各自独立。三是对网络与计算资源感知不足,现有"尽力而为"的传输控制协议/互联网协议(transmission control protocol/internet protocol,TCP/IP)网络体系结构,其网络与计算资源互不感知,总体利用率较低,难以满足如车联网、低空经济等新兴业务的低时延、高可靠性业务需求。

3)机制路径有待深化

"东数西算"工程为算力网络发展提供了契机,但是算网融合建设周期长、资金需求量大、运维管理复杂,目前尚未形成政府和产业链共同参与的体系化管理机制和商业规则,无法平衡各参与主体的责任与权益,也尚无明确的算网融合发展路径和阶段目标规划,投资建设不确定性明显,阻碍了算网融合的快速、健康、可持续发展。

1.7　本章小结

算网融合是继云网协同、云网融合之后算网形态模式的又一次规模化升级,是我国促进数字经济长期稳定发展的一项开创性实践,受到了业界的广泛关注。算网融合作为新一代算网形态模式,具有凸显战略、赋能数字经济、促进 ICT 技术创新和产业链互利共赢等多方面的现实意义。

在概念要素方面,算网融合涉及政策、技术和服务三个关键维度,旨在通过统一编排管控数据、计算与网络资源,实现多种资源的融合。尽管国内外已初步建立相关技术标准体系,但具体实现路径和技术细节仍在不断探索和完善中。

从总体情况来看,我国算网融合市场在加速发展,但仍处于初级阶段,主要集中在算力基础设施的部署和算力协同方面。北京、上海、重庆、深圳等城市在算力基础设施布局、网络互联、算力调度和交易平台建设等方面取得了显著进展,为算网融合的发展提供了有力支撑。

在产业层面上,算网融合主要参与者包括运营商、云厂商、设备厂商和垂直行业客户,不同的产业参与者需要在算网融合背景下寻求新定位和新职责。电信运营商是通用算力和网络的主要提供者,提供高速弹性、可靠、灵活的算网服务。云厂商是通用算力、智能算力的主要提供者,可提供高可靠、弹性可伸缩的计算服务。设备厂商是融合软硬件产品的主要提供者,提供高性能软硬件设备以及自动、智能的解决方案。垂直行业客户是通用算力、智能算力、边缘算力的主要使用者,为自身业务、消费者、员工提供云边端算力服务。

算网融合需要实现算网一体化服务的新兴产业生态,参与方既是算力供给方,也是算力使用方,角色更加复杂。在这种情况下,对产业参与者自身的能力要求也发生了变化。电信运营商需持续强化网络基础设施建设、网络云化改造,强化算力一体、编排管理技术创新,强化算力交易技术创新。云厂商需强化算力基础设施技术创新,强化算力一体、编排管理技术创新,强化算力交易技术创新。设备厂商需强化算网融合软硬件设备技术改造升级。垂直行业客户需利用算网融合推动云边端算力高效流通,积极参与算力交易和共享。

然而,算网融合仍面临市场供需有待挖掘、技术条件有待增强和机制路径有待深化等挑战。未来,随着技术的不断进步和政策的持续推动,算网融合有望实现更深层次的发展,为数字经济和数字中国的建设提供强大动力。

第 2 章　算网融合的关键技术

就算网融合目前所处的发展阶段而言,其普及任重道远。单从技术角度看,传统网络已面临单一学科理论难以突破的挑战,因此算网融合需充分纳入智、链、云、数、网、边、端、安(artificial intelligence,blockchain,cloud,big data,network,edge computing,terminal,security,ABCDNETS)多要素,产生多个层面的基础性、前瞻性、挑战性技术,从构建技术体系出发,解决算网融合发展过程中架构、协议、度量等多方面的难点问题。

2.1　算网融合关键技术体系

对电信运营商、云厂商、设备厂商算网融合架构的总结发现,算网融合技术架构体系包含多层,部分云厂商和设备厂商完全基于自身业务需求设计架构,未考虑到技术架构是否可有效应用于行业专业及通用平台中,需构建一套实用性强、结合需求的技术架构体系。

总体来看,算网融合关键技术可以大致分为两类,即基础设施协同关键技术和算网融合服务关键技术,其中基础设施协同关键技术分为算力基础设施和网络基础设施两小类。两类关键技术相互关联串通,实现算网融合各个关键技术的有效连接和共同成熟,如图 2-1 所示。

在基础设施协同关键技术方面,存算一体、多样性算力等通过算力度量形成标准可量化的能力度量模型,一方面使算力路由实现分布式算力调度,另一方面实现算网资源和业务的实时有效感知。400 G/800 G 全光高速互联一方

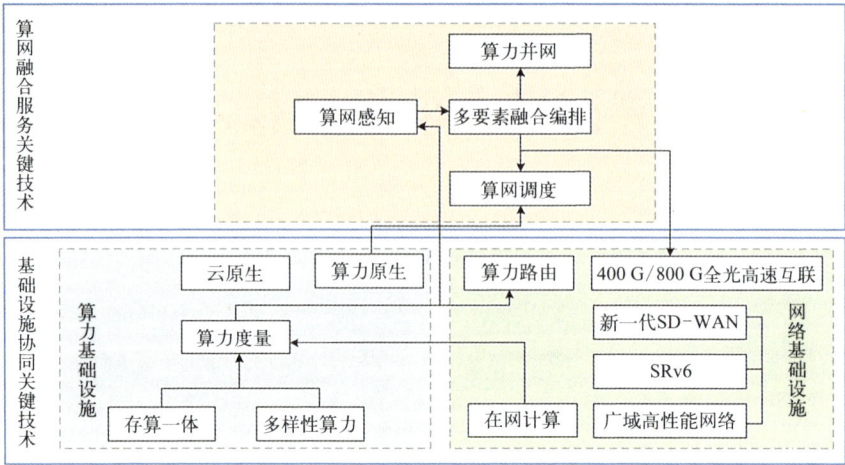

图 2-1　算网融合关键技术分类示意图

面对接算网调度,实现网络基于业务需求的灵活全光调度;另一方面以 SRv6 为基础,形成技术统一的 Underlay+Overlay 网络协议栈,支持新一代 SD-WAN 以及广域高性能网络功能,实现网络的各项功能拉通。

在算网融合服务关键技术方面,多要素融合编排对接算网感知和算网调度,实现算网资源和应用的跨域拉通和部署,并为算力并网提供支撑,实现多技术要素的融合能力供给。

2.2　基础设施协同关键技术

在算网融合过程中,算力和网络相互协同、相互促进,从而发挥更大效益。从基础设施协同的角度,通过关键技术的研究与应用,一是"以算促网",提升算力资源能力水平,通过计算能力、存储能力等促进网络功能性能提升;二是"以网强算",提升网络综合性能,把异构、分布算力连接协同成统一的算力资源池,进行算力资源运营。

2.2.1　算力基础设施类

2.2.1.1　云原生

云原生将网络设备软硬件解耦、分离控制平面和数据平面,同时将控制平面的网络功能解耦,打通网络与云,实现业务能力同构和资源协同,提供敏捷、灵活、弹性、安全、开放的网络服务能力,是贯穿算网融合近中远期的关键技术。

1)研究进展

2015 年,云原生计算基金会(Cloud Native Computing Foundation,CNCF)成立。作为一个中立的基金会,其致力于云原生应用的推广和普及。CNCF 对云原生进行了较为正式的定义,提出云原生的代表技术包括容器、服务网格、微服务、不可变基础设施和声明式应用程序接口(application programming interface,API)。目前,云原生发展经历了容器云阶段,正在由云原生技术栈阶段向分布式云原生阶段过渡。现有工作主要着眼于打通网络底层,旨在优化网络资源和调动算力资源,网络节点与算力节点间的融合尚未开始。

中国移动在《算力网络技术白皮书》中提出"算网云原生"概念,即在当前云原生已具备快速调度、动态调整等能力的前提下,通过网络云化,在资源部署时池化并自适应动态分配算网资源,在算力网络中实现以底层算力一体化供给为基础的算力统一纳管和资源统一编排能力,达成真正的算网融合。但现网设备均为专用设备,开放能力和微服务下沉能力不足,统一的算力度量方式也未成型,仍需产业界和学术界合力推动进程。

2)技术路线及突破方向建议

(1)近期:推动云原生技术及应用演进和标准体系成熟,满足算力封装、算力感知和 PaaS 自适应等需求。

(2)中远期:针对网元设备,进一步挖掘 PaaS 需求,探索规范化的微服务框架、运维管理能力、服务网格等多种 PaaS 能力。

2.2.1.2　多样性算力

一个城市或地区的数字化发展往往需要多种算力共同支撑才能形成强大的驱动力,单一的计算架构和计算平台难以高效地满足所有业务诉求。同时,全球地缘政治风险加剧,当前数据中心领域 x86 占据主导地位的情况暴露出我国在服务器、芯片、基础软件等环节存在"卡脖子"问题。因此,多样性算力技术成为必然选择。

1) 研究进展

按照芯片组成,多样性算力可分为同构计算和异构计算。

同构计算以 CPU 为代表。CPU 作为通用服务器中最核心的部件,负责指令读取、译码和执行,主要有 x86 架构和精简指令集机器(advanced RISC machine,ARM)架构,其差异在于处理器指令集不同带来的架构差异。x86 通过可实现复杂功能的指令和灵活多样的编码方式来提高程序的运行速度,凭借其多年来构建的完善生态体系,已占据超过 99.5% 的市场份额,其国外代表厂商是英特尔和超威(AMD),国内代表厂商主要有海光信息和兆芯。ARM 架构采用等长的指令,效率较高,工艺相对简单且成本低,目前高性能计算、服务器和桌面已成为其重要拓展方向,国外代表厂商有 Ampere 和 Marvell,国内代表厂商有华为鲲鹏和飞腾。

国产 CPU 芯片产品线相对丰富,绝大多数都采用与国外合作的方式,主要途径包括购买指令集授权、技术合作等。例如,海光信息通过与 AMD 合作,基于 AMD 的 Zen1 核心架构开发了海光第一代 CPU,目前第三代已于 2022 年量产,最高规格具备 32 核心 64 线程,支持内存频率提升至 3 200 兆赫兹,与国际主流产品相当,大量应用于电信、金融、能源、交通、教育等关键信息基础设施领域。华为鲲鹏 920 是 2019 年发布的业界领先的基于 ARM 架构的处理器,采用 7 nm 制造工艺,主频可达 2.6 吉赫兹,SPECint Benchmark 评分超过 930,超出业界标杆 25%,然而鲲鹏 930 因供应链受制等,面世一再推迟。

异构计算以 GPU、FPGA 为代表。GPU 研发主要聚焦于图形渲染硬件层面和通用计算软件生态层面,正向着"更多、更专、更智能"的方向优化迭代,在 IP、软件栈方面研发门槛较高。全球主要独立 GPU 显卡生产厂家有英伟达(占有全球市场份额的 70%～90%)、AMD 和英特尔。FPGA 在数据中心、通信、航空、国防等有较高并行计算需求的领域有广泛应用,赛灵思(Xilinx)作为全球 FPGA 龙头企业,主流产品已从 28 nm 工艺制程的芯片产品向 16 nm 的 Ultrascale＋系列聚集,并在 7 nm 工艺制程上推出了量产 Versal 芯片产品,国内目前能够实现 28 nm 工艺节点 FPGA 量产的公司较少。

代表厂商计算芯片类型及主要产品如图 2－2 所示。

英伟达	超威(AMD)	英特尔	华为	海光信息
Ampere/Hopper	EPYC/Radeon	Xeon/Agilex	鲲鹏+昇腾	禅定+深算
CUDA+DOCA	ROCm	oneAPI	CANN	ROCm
GPU/DPU+CPU	CPU+APU/FPGA	CPU+IPU/FPGA	CPU+NPU	CPU+DCU
昆仑芯	寒武纪	燧原科技	壁仞科技	摩尔线程
XPU-R	鲲鹏+昇腾	云燧/邃思	BR100	MTT S2000
XPU-Driver	NeuWare	Kernal Module Driver	BIRENSUPA	MUSA
AI加速芯片	AI加速芯片	AI加速芯片	GPU芯片	GPU芯片

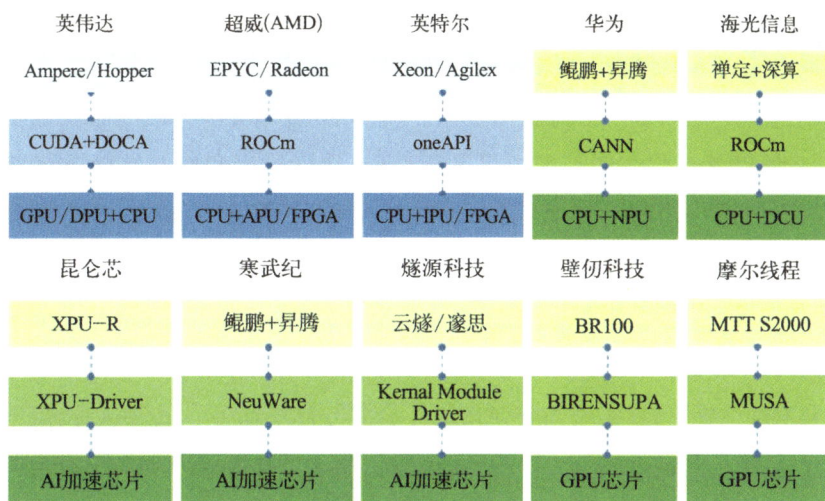

图 2-2　代表厂商计算芯片类型及主要产品

目前研究仍然存在以下三方面问题。

（1）标准体系仍需完善。目前与多样性算力相关的技术标准及评测标准、与产品兼容性相关的测试规范和标准、多样性算力测试验证尚不成熟，缺乏面向多样性算力产品全生命周期场景的服务器系统管理能力标准，影响产业发展。

（2）评测标准仍需完善。目前业界采用的标准性能评估组织（Standard Performance Evaluation Corporation，SPEC）基准存在一些缺陷，如 x86 平台友好、微型电子芯片（integrated circuit chip，ICC）定向优化、虚拟化性能验证考虑不足、测试子项内容重复多等，缺少对 ARM 等多样性算力平台的充分考虑，导致评测结果与实际算力出现偏差。

（3）供应链不确定性强。在通用计算、人工智能计算、高性能计算（high performance computing，HPC）等多种计算技术领域，服务器主要部件/器件的正常供应秩序受到影响；同时由于指令集的差异，选用非 x86 处理器一般要进行大量应用迁移，均对产业链的稳定性和研究的开展造成了不确定影响。

2）技术路线及突破方向建议

鉴于当前国内各技术路线的发展情况，建议近期数据中心领域先收敛到相对成熟的 ARM 技术路线，中远期再考虑其他多核 CPU。

针对硬件情况，建议制定统一的跨架构处理器性能评测体系和标准，从处理器虚拟化能力、计算性能、访存性能、网络转发性能、功耗等多个维度对 ARM 和 x86 进行对标测试。针对虚拟层平台，建议从中断响应和上下文切换时延的实时性、部署迁移效率等虚拟机管理性能、故障检测和修复性能、小包转发性能等方向进行增强。针对编排管理，建议增加 ARM 资源池相关接口，对 x86 及 ARM 资源池统一纳管。

2.2.1.3 算力原生

算力原生通过构建标准统一的算力抽象模型及编程范式接口，打造开放、灵活的开发及适配平台，实现各类异构硬件资源与计算任务有效对接、按需适配、灵活迁移，充分释放异构算力协同处理效力。算力原生技术原理如图 2-3 所示。

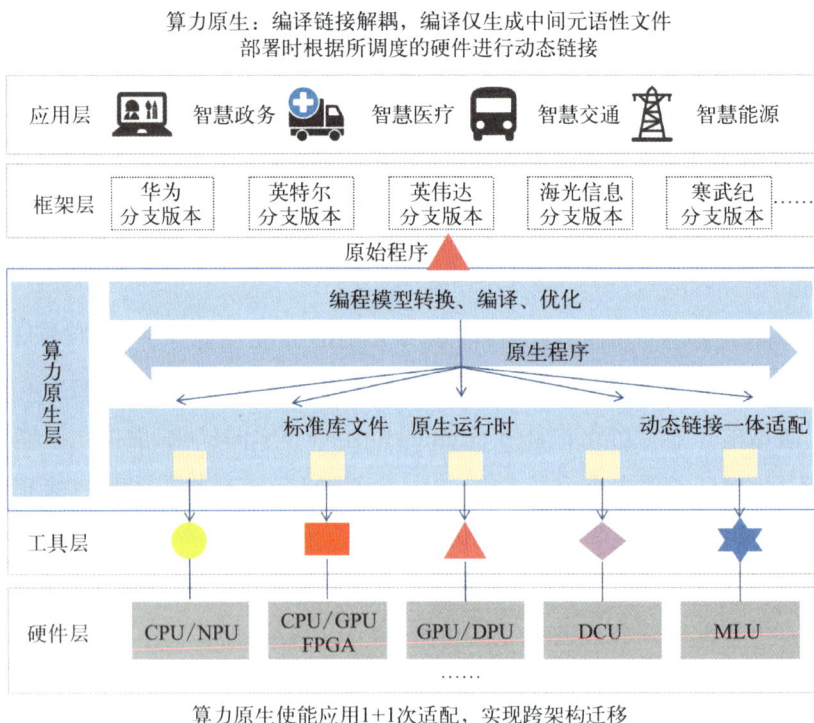

图 2-3 算力原生技术原理示意图

1) 突破方向 1：算力抽象及异构算力统一编程技术

算力抽象旨在屏蔽应用对底层多样硬件架构的差异的感知，通过抽象化的设计建立一套支持多种异构算力系统的编程模型,是异构算力资源与上层应用及开发者之间的桥梁。算力抽象既能够包容多样算力异构,提供一个统一编程模型,又能够保持异构算力自身的并行效率,是异构混合计算编程的重要发展趋势。

然而,与传统同构系统相比,异构算力系统在建立统一编程模型时,面临各加速单元并行计算能力有差异、缓存资源不同的问题,加速设备内数据分布可重构、算力单元间缓存数据交互渠道多样的问题,以及大范围、多类型数据同步操作的问题。

为应对上述挑战,可以从以下三方面着重开展技术攻关工作。

(1)探索在传统并行编程模型的基础上增加"异构特征描述"范式,演进实现异构任务划分机制,用于描述任务在不同算力单元间的分配。

(2)探索在传统并行编程模型的基础上增加"多层数据分布描述"范式,拓展现有异构计算中的共享数据模型。

(3)探索在传统并行编程模型的基础上增加"算力单元间同步"机制,依据加速设备的硬件特征,提供算力系统内的局部和全局即时巨量同步。

2)突破方向 2:算力原生接口及异构算力编译优化技术

开发面向异构算力系统的算力原生接口能够极大地减少开发者的编程负担。然而对于异构算力系统,由于协处理器设计简单,更多的硬件细节要交给软件处理,因此对编译技术也提出了更高的要求。

为应对上述挑战,可以从以下两方面着重开展技术攻关工作。

(1)面向异构算力的原生代码自动生成技术。基于统一编程模型及范式,探索源到源编译器。

(2)面向异构算力的数据自动管理技术。通过分级数据分布、通信生成和循环分块等方法对程序中的数据和计算进行分解,使得分解后的数据能够满足局部存储容量的约束。

3)突破方向 3:硬件原生堆栈及运行时支持机制

硬件原生堆栈及运行时支持机制是实现原生程序加载及与算力平台硬件互映射的执行机制。然而,异构算力系统面临设备间并行计算能力存在差异、加速设备内数据分布可重构、设备间数据通信渠道多样、同步范围复杂等问题,影响机制实现。

为应对上述挑战,可以从以下两方面着重开展技术攻关工作。

(1)重点研究异构计算任务再映射机制,建议研究如何将任务自动地分配到 GPU、机器学习单元(machine learning unit,MLU)、多核 CPU、定制类单指令流多数据流(single instruction multiple data,SIMD)加速 ASIC 系统等不同算力单元上执行。

(2)建议开展运行时细粒度计算任务的分配,多种数据存储与通信、共享与同步等方面的研究工作。

当前算力原生研究及推进工作已有初步进展。中国移动联合业界发布《面向智算的算力原生白皮书》,明确了总体架构和关键技术,同步在 CCSA、ITU、光互联网络论坛(optical internetworking forum,OIF)完成标准开源立项,并与业内伙伴共同研发"芯合"算力原生平台原型系统,当前已可实现视频分析、图像识别这两类智能算力应用在英伟达 GPU 与寒武纪 MLU 间迁移。

4)技术路线建议

目前,算力原生在业界的技术路线尚未统一,主流路线有两种:一种是基于 C++和单一源异构编程模型(single-source heterogeneous programming model,SYCL)规范构建统一的开发语言,并建立异构编译器,使得后续编译器开销减小,但调优有一定局限性;另一种是基于主流的人工智能框架构建人工智能编译器,开发难度较小,但尚未实现对多类异构场景的支持。基于此,对算力原生技术路线发展有如下建议。

(1)近期:应实现异构算力资源池化。通过构建分类型的异构资源池,引入对应用调用底层算力资源 API 的重定向技术,实现同类型算力资源细粒度的定制化分配和灵活调度。

(2)中期:应实现应用的跨架构迁移。通过引入跨架构转译工具,将基于特定芯片厂家开发的应用转换成算力原生中间元语,结合算力原生运行时与各厂商的工具链,生成可跨架构互识、流转的算力原生程序,最终实现向多厂家芯片无感迁移和映射执行。

(3)远期:应实现全局泛在融通。在异构算力池化和应用跨架构无感迁移的基础上,通过构建算力原生统一接口和开发平台,形成统一编程模型及开发环境,使能应用开发者实现跨架构的混合并行编程,加速应用和服务创新。

2.2.1.4　存算一体

存算一体技术通过创新计算架构,将存储与计算融合,可以有效克服冯·诺依曼存算分离"存储墙"瓶颈问题,如图 2-4 所示,较传统架构可实现计算能效百倍级提升,可为人工智能等访存密集型场景提供高效解决方案,是先进算力基础设施的核心技术。尤其在"十四五"国家信息化规划中指出,先进存储技术升级是战略性前沿技术攻关重点领域,受到行业广泛关注。

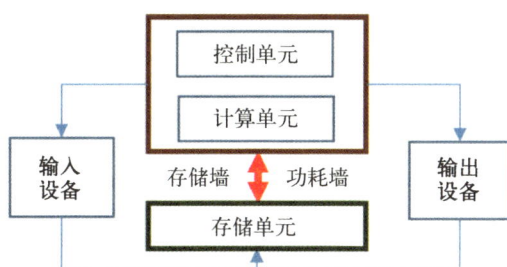

图 2-4　存算一体创新计算架构

1) 研究进展

存算一体包括近存计算(process-near-memory,PNM)、存内处理(processor-in-memory,PIM)和存内计算(computing-in-memory,CIM)三大类技术路线,依赖静态随机存储器(static random-access memory,SRAM)、阻变式存储器(resistive random access memory,RRAM)、相变存储器(phase change memory,PCM)、非易失性磁性随机存储器(magnetoresistive random access memory,MRAM)等不同存储介质实现,如图 2-5 所示。

近存计算仍是存算分离架构,本质上计算操作由位于存储外部的独立计算单元完成,通过增加访存带宽、减少数据迁移来实现能力提升。产业界代表如阿里巴达摩院采用混合键合的三维堆叠技术,将计算芯片和存储芯片用特定的金属材料和工艺进行互联;特斯拉 DoJo(人工智能训练计算机)所用的D1 芯片采用的也是近存计算架构。近存计算技术成熟度较高,已广泛应用在各类 CPU 和 GPU 上,用于人工智能、大数据、边缘计算等场景,目前主要受先进封装技术创新的制约。

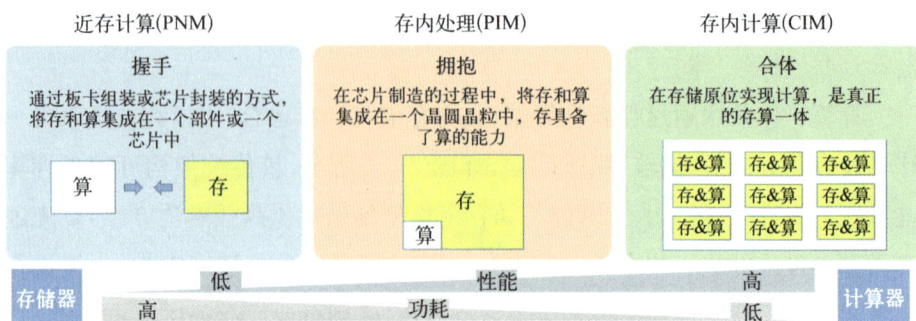

图 2-5 存算一体三类技术路线

存内处理本质上仍是存算分离,相比于近存计算,其"存"与"算"距离更近,提供大吞吐、低延迟的片上处理能力,已应用于语音识别、数据库索引搜索、基因匹配等场景。当前存内处理方案大多在动态随机存储器(dynamic random access memory,DRAM)芯片中实现部分数据处理,较为典型的产品形态为高带宽内存存内处理技术(high bandwidth memory-PIM,HBM-PIM)和存内处理双列直插式内存模块(PIM-dual inline memory modules,PIM-DIMM)。2022年12月,三星电子发布了世界上第一个搭载 HBM-PIM 芯片的 GPU 大规模计算系统;知存科技量产的单片系统(system on chip,SoC)芯片 WTM2101 提供语音、视频等人工智能处理方案,并帮助产品实现 10 倍以上的能效提升。

存内计算即狭义的存算一体,是计算新范式的研究热点。其本质是利用不同存储介质的物理特性,对存储电路进行重新设计,使其同时具备计算和存储能力,真正实现存算融合,使计算能效达到数量级提升。主流的存内计算大多采用模拟计算实现,近两年数字存内计算的研究热度也在飞速提升,当前业界多采用可兼容先进工艺的 SRAM 来实现数字存内计算。产业界代表如华为提出架构级存算协同、存算一体到存算分离再到存算融合的全内存语义数据处理技术;智芯科微于 2022 年底推出业界首款基于 SRAM CIM 的边缘侧人工智能增强图像处理器。

近存计算和存内处理相对成熟,已实现规模化商用。存内计算目前成熟度较低,还在研究攻关阶段。学术界较为关注狭义的存算一体,工业界普遍认可广义的存算一体,但目前技术分类尚未统一。存算一体目前处于学术界向工业界转化的关键窗口期,国内外存算一体企业都处于刚刚起步阶段,在研究中主要还有器件及材料、芯片制造、电子设计自动化(electronic design automation,EDA)软件、芯片设计、算法及框架、应用六方面关键问题亟待解决。

(1)器件及材料:RRAM、PCM、MRAM 等新器件的一致性、可靠性、性能、良率等指标尚需优化。

(2)芯片制造:RRAM、PCM、MRAM 等新器件与先进工艺的兼容性以及新产线导入尚未大规模成型。

(3)EDA 软件:在规模化阵列快速组装、大规模存算阵列的仿真验证、误差评估和建模等方面有所缺乏,无成熟可复用 IP。

(4)芯片设计:缺乏成熟的大算力芯片架构,计算精度和电路设计需进一步优化,芯片架构尚不具备持续演进能力。

(5)算法及框架:目前大部分存算芯片还是针对特定算法的专用领域架构处理器(domain special architecture,DSA),多算法适配性尚未解决。

(6)应用:"杀手级"应用有待挖掘,云边端不同算力需求特性和场景与SRAM、RRAM 等不同存内产品的适配性不足。

2)技术路线建议

结合业务发展需求和技术发展方向,建议并行探索存算一体技术路线。

(1)近期:加快近存计算、存内处理产品商用落地,持续关注存内计算应用发展;研究可计算存储技术,以及数据硬盘内就近处理方案;探索存储三维封装、高速互联等技术,实现存储数据高效传输方案;探索数据中心存内处理产品适用场景和整体方案。

(2)中远期:应从多方向并行推进存内计算技术及产业成熟。针对传统器件,探索基于 Flash、SRAM 的存算一体端、边、云应用场景及技术方案,开展技术验证并推动应用落地。针对新型器件,一是攻关关键技术,研发软件工具链及新型算法,提升存算一体芯片的易用性和灵活性;二是加强应用牵引,前期面向端侧小算力场景,逐步扩展至数据中心大算力场景;三是推动构建涵盖 EDA 软件、芯片设计、芯片制造、板卡研发、应用集成的全链条产业生态。

2.2.1.5　算力度量

算网融合过程中算力度量不仅依赖 CPU、GPU 等处理单元以及内存、硬件等存储资源,还与业务类型、多元节点的通信能力等息息相关。算力度量从计算、网络、存储、内存等多个维度进行分析,构建异构算力资源和节点综合能力评估模型,实现对多样化算力资源信息的抽象整合,并通过对业务的深入分析,构建多量纲业务能力度量模型,实现对业务能力的有效表征。

1)研究进展

目前算力度量的研究进展相较于其他算网融合关键技术而言要缓慢,主要由于底层算力资源度量的标准化统一、上层应用对底层算力资源需求的标准化统一两个问题暂未完全解决。

(1)底层算力资源度量的标准化统一。

异构算力资源是指采用不同技术实现方式提供计算能力的硬件设施。不同的技术实现方式包括但不限于不同的系统架构、不同的指令集、不同的技术类型、不同的计算能力提供方式,例如 x86 架构、ARM 架构、CPU、GPU、FPGA 实现的计算芯片,专用硬件计算芯片等。

目前存储、内存、通信三方面能力评价方式较为统一,现有的行业公认的硬件资源度量评价指标如表 2-1 所示。

表 2-1　硬件资源度量评价指标

能　　力	指　　标
存　　储	存储容量 存储带宽 每秒输入/输出操作次数 响应时间
内　　存	内存容量 内存带宽 内存频率
通　　信	带　　宽

FPGA 和 ASIC 类芯片定制化程度较高,目前聚焦于 CPU 和 GPU 计算能力的度量尚无统一标准,主要指标如表 2-2 总结所示。

表 2-2 芯片资源度量评价指标

指标类型	CPU	GPU
设备静态参数	指令集	架构
	线程数	核心数
	最大加速频率	显存带宽
	功率	允许最大 GPU 实例数
	主频	功耗
	内核数	显存容量
	缓存	显存位宽
	内存配比	独占/共享
动态度量指标	当前主频	可用 GPU 显存
	CPU 利用率	GPU 利用率
	剩余可用核数	
综合性能指标	浮点能力	INT4 整型能力
	整型能力	INT8 整型能力
	目前行业普遍采用 FP32 浮点能力和 INT8 整型能力,但尚无统一标准规范,CPU 存在 2 倍精度折算关系,因此精度未作区分	INT16 整型能力
		FP16 浮点能力
		FP32 浮点能力
		FP64 浮点能力

（2）上层应用对底层算力资源需求的标准化统一。

上层应用对底层算力资源的类型和需求量差异通常很大,一般只能通过经验数据来描述某一特定场景下的算力资源需求,导致异构算力资源难以完成统一及标准化。考虑不同应用场景所需评价指标不同,针对节点综合能力度量需要构建多维度评价指标,如图 2-6 所示。

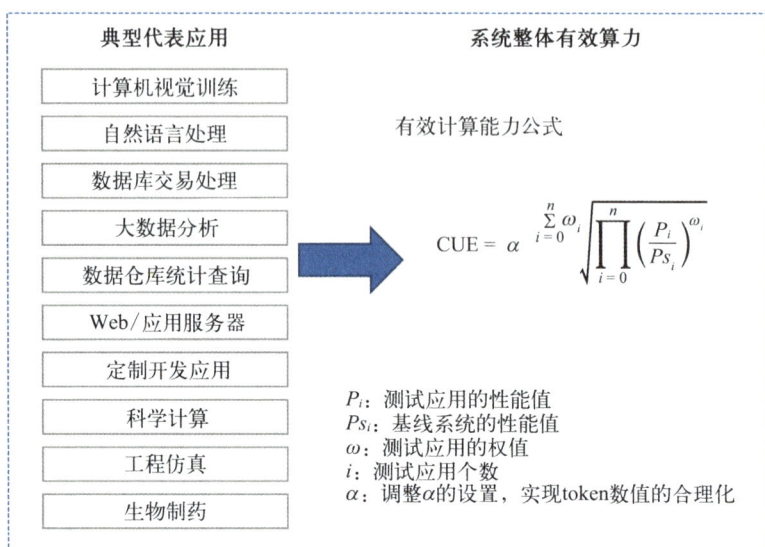

图 2-6 针对节点综合能力度量构建多维度评价指标

目前,产业界初步提出构建算力资源池度量模型,例如一个算力资源池中包括 8 核 vCPU、8 GB 内存、100 GB 硬盘,调用此算力资源池的通信带宽为 100 Mbps 等,用户在算力交易平台中以已建模的算力资源池为使用单位,对算力资源进行使用。

2) 技术路线及突破方向建议

(1) 近期:应由点及面,完成算力资源度量从单一要素度量到多要素融合度量的演进。一方面需构建和完善 CPU、GPU 等芯片能力的度量模型和评价算法;另一方面,还需结合存储、内存、网络等多因子,制定多维度融合的算力节点层面的度量算法和指标。

(2) 中远期:应由静及动,实现从对芯片规格化算力的评估向节点可利用资源以及有效算力评估的演进。应基于浮点数运算能力,同时结合 CPU 利用率、内存配比、业务支撑能力等多种因素,构建节点运行状态下算力的评估。

(3) 远期:应由硬到软,重点针对任务式服务(token as a service,TaaS),实现从底层硬件资源度量向上层软件业务度量的纵向拉通,探索针对业务的精准度量体系和评估方法。

2.2.2　网络基础设施类

2.2.2.1　400 G 光传输技术

400 G 技术将是近中期承载"东数西算"业务、满足海量数据流动的主力骨干网络传输技术之一。

1）研究进展

400 G 目前存在 16 位幅相调制（quadrature amplitude modulation，QAM）、16QAM-概率整形（peobabilistic shaping，PCS）及正交相移键控（quadrature phase shift keying，QPSK）三种路线，在城域范围（600 千米以内）选择 16 QAM 已成为共识，长距离传输存在 16 QAM-PCS 及 QPSK 两种路线可供选择。

（1）16QAM-PCS@100GHz：占用 C+L 波段（8 太赫兹），采用较成熟的 90 G 波特率。小于 1 000 千米可用 G.652D 光纤传输。1 000～1 500 千米需使用 G.652D 光纤+部分拉曼放大器，或使用 G.654E 光纤传输。而由于拉曼放大器存在发光功率过大等运维隐患、G.654E 光纤成本较高等，因此目前该路线设备实现难度仍然较大。

（2）QPSK@150GHz：占用 C++和 L++波段（12 太赫兹），预计采用尚未完全成熟的 130 G 以上波特率，1 500～2 000 千米可用 G.652D 传输，大于 2 000 千米可用 G.652D 光纤+部分拉曼放大器传输。该路线从设备实现层面来说相对更有难度。

2）技术路线及突破方向建议

综合考虑传输距离、实现难度、成本、运维、产业现状等，建议推动 QPSK 路线成为长距离传输技术，可以考虑在复用现有 G.652D 光纤且尽量少引入拉曼放大器的情况下实现长距离传输，核心难点在于攻克 130 G 波特率的光电器件。当前产业已初步具备能力，需进一步验证并推动光电器件成熟，推动重点模块/器件的国产化进程，预计近中期能够具备商用条件。

建议近期加快引入 400 G 技术，推动 400 G 技术走向成熟；在中远期扩大部署范围，实现 400 G 的规模化商用。

2.2.2.2　800 G 光传输技术

光网络面临着传输容量和传输性能的瓶颈，随着算力业务等新型业务对更大带宽和组网灵活性的需求,需进一步大幅提升全光高速传输性能和容量,800 G 成为超高速大容量光传送网的重要演进方向。

1) 研究进展

(1) 突破方向 1:大于 150 G 波特率调制器,目前研究主要聚焦于调制器的机理,提升带宽限制。

(2) 突破方向 2:低噪声宽谱放大器,当前主要聚焦于光放大器材料优化,实现放大波长谱拓宽,降低 L 波段噪声系数。

(3) 突破方向 3:宽谱、低时延空芯光纤,目前研究主要聚焦于光纤的波导结构,拓宽工作波段,实现损耗更低。

(4) 突破方向 4:光数字信号处理(optical digital signal processing,ODSP),目前研究主要聚焦于高速数字信号处理(digital signal processing,DSP)的收发算法,提升信号接收性能。

2020 年,以太网技术联盟发布了 800 G 以太网规范 800 GBASE‑R。国际光电委员会(International Photonics & Electronics Committee,IPEC)已于 2022 年启动 800 G 短距离高速互联光层标准研究项目,基于第一代 100 G/Lane 场景的研究已告一段落,未来会逐步演进到 200 G/Lane 的方案架构,传输距离覆盖 500 米、2 千米、10 千米和 80 千米的场景。电子电气工程师学会(The Institute of Electrical and Electronics Engineers,IEEE)还没开始研究 800 G 以太网标准。目前中国移动实验室已率先完成 800 G 系统原型 2018 千米传输验证。

2) 技术路线建议

800 G 作为新概念,目前仍然处于研究攻关阶段,技术路线尚未统一。建议超前研究 800 G 超长距离传输技术和新型光纤技术,提升全光高速传输性能和容量。

(1) 近期:针对目前 800 G 存在单载波和子载波两种方案,进一步对 800 G 技术路线开展研究实验。

(2) 中期:推进相关更高波特率的高速调制器、先进 ODSP 芯片和低噪声光放大器等关键技术实现,推动 G.654E 光纤性能改善和部署。

(3) 远期:研究空芯光纤等新型光纤的传输性能和容量的提升,推进相关超高速光传输系统产业发展和核心技术自主可控。

2.2.2.3　SRv6

IP 网络是连接用户、数据、算力的主动脉,需要满足算力节点间高质量互联以及用户和算力节点间泛在、灵活的连接需求。SRv6 凭借其强大的路径可编程、协议极简等能力,可为端、边、云、网提供高品质、灵活的确定性连接服务保障,是算网融合发展中 IP 网络的核心技术。

1)研究进展

由于原生 SRv6 使用 128 位 IPv6 地址进行路径编排,存在报文头部开销过大、承载效率低、现网设备硬件升级困难等问题,阻碍了现网的规模部署,制约了新一代 IP 网络的发展演进。因此,目前学术界和产业界正在积极探索 SRv6 的头压缩技术,提升信息承载效率,降低硬件处理要求。

中国移动提出 G - SRv6 头压缩技术,主要通过"共享前缀"+"差异覆盖"的方式实现,将系统识别码(identification,ID)列表中冗余的公共前缀移除,仅携带变化的通用段来源识别码(generalized source ID,G - SID)部分,从而可大幅减少 SRv6 的报头开销。

SRv6 微段来源识别码(micro SID,uSID)压缩技术主要通过"共享前缀"+"移位出栈"的方式实现,基本思想与 G - SRv6 压缩技术类似,都是将 128 位 SID 中的公共前缀 uSID Block 字段提取出来,通过消除段路由头(segment routing header,SRH)中的冗余信息达到压缩目的,但 uSID 的封装方式与 G - SRv6 的不同,对压缩效率有一定影响,但也具有更好的扩展性。

基于 IPv6 转发平面的段路由(segment routing mapped to IPv6,SRm6)方案通过采用 16 位或 32 位的 SID 代替 SRv6 中 128 位的 SID,并在两者之间建立映射关系,将 IPv6 地址序列的 SID 转变为字节更短的压缩 SID,从而减小段列表长度,信息承载效率较 G - SRv6 和 SRv6 uSID 更优。但由于不兼容 SRv6/SRH,且需要定义新的精简路由报文头(compact routing header,CRH)扩展报头,引入全新的控制面协议扩展,硬件实现复杂,因此基本已被产业界弃用。

目前 G - SRv6 和 SRv6 uSID 已通过国标和国内标准立项,成为业界的主流标准,也出现了兼容 G - SRv6 和 SRv6 uSID 的融合方案。就现网情况来看,国内主流设备厂商对 G‑SRv6 的支持度更高。

2)技术路线及突破方向建议

建议以云专网为切入点推动 SRv6 的全面部署。

(1)近期:推动 SRv6 在云专网的规模化部署,同步开展 G‑SRv6/SRv6 uSID 的随流检测技术标准制定和试点验证工作。

(2)中期:逐步推动 SRv6 在城域网和 IP 专网中的全面部署和随流检测技术现网使用。

(3)远期:实现端到端 SRv6 统一协议栈和统一组网,拉通云网边端。

2.2.2.4　新一代 SD‑WAN

SD‑WAN 即软件定义广域网。SD‑WAN 作为一种软件定义、智能互联、安全访问、多云一体的新型广域网络应用模式,为算网融合构建弹性灵活、智能易管的网络入口,实现算力资源请求到算力资源节点的灵活调度。

1)研究进展

目前,国内外的 SD‑WAN 标准体系正在不断完善。

(1)城域以太网论坛(Metro Ethernet Forum,MEF):2019 年 8 月,MEF 发布了 MEF70,推出了 SD‑WAN 的第一个标准化定义。其后,MEF 在 SD‑WAN 的服务信息模型、服务能力测试基准要求、服务安全等方面进一步完善标准体系。

(2)IETF:2020 年 9 月,中国移动联合华为公司提交了接入点名称(access point name,APN)在 SD‑WAN 场景中的应用标准草案。2022 年 3 月,中国联通联合华为公司提交了计算感知 SD‑WAN 网络应用场景的标准草案。

(3)CCSA:2019 年 11 月,中国信息通信研究院联合中国移动、中国联合、华为公司等在 CCSA 组织立项"软件定义广域网(SD‑WAN)总体技术要求"。其后,SD‑WAN 测试方法、关键技术指标、增值业务技术要求、工业互联网、南北接口规范等标准得到立项。2021 年 7 月 21 日,中国通信学会算网融合标准工作组对 SD‑WAN 2.0 系列标准进行了评审,包括《软件定义广域网络(SD‑WAN)总体技术要求》等在内的 8 项 SD‑WAN 2.0 相关标准通过立项评审。

由于电信运营商握有大量网络资源,因此 SD‑WAN 的构建与发展主要以电信运营商为主。SD-WAN 目前划分为 SD-WAN 1.0 和 SD-WAN 2.0 两个技术阶段。SD-WAN 1.0 作为早期技术,主要解决软件定义多连接问题,已在现网大规模部署。SD-WAN 2.0 在当前的 NFV、SDN、SD-WAN 的基础上,将多协议标签交换(multiprotocol label switching,MPLS)骨干网与领先的 NFV 功能汇集到一起,将拉通端、边、云、网,并将用户意图与网络资源调度能力结合,实现"应用+算力+网络"协同调度。目前 SD-WAN 2.0 已实现 Underlay/Overlay 融合的网络连接拉通能力,但其真正落地仍面临三方面难点。

(1) SD-WAN 2.0 技术标准尚未统一,其技术架构包含 SDN、安全访问服务边缘(secure access service edge,SASE)、SRv6、网络云化、网络开放化、智能运维、自主可控等多种关键技术,成熟度参差不齐,影响整体落地进程。

(2) 应用产品同质化严重。多云环境业务类型多样,目前 SD-WAN 应用仍主要局限于政企专线。

(3) 网络链路安全能力有待提升,业务云化和自主可控要求都需要安全技术的及时跟进。

2) 技术路线及突破方向建议

(1) 近期:增设 SD-WAN 网络入网点(point-of-presence,PoP),推动算网融合进一步向广域延伸;优先推动基于 Underlay 协同的新一代 SD-WAN 部署;完善标准化体系。

(2) 中远期:进一步加强新一代 SD-WAN 多要素协同的作用,基于 SRv6/G-SRv6 路线调度能力,在算力方面协同安全功能实现 SASE 能力,在网络方面协同多路线实现灵活的主备、聚合、多发选收等能力,促进差异化入算等算网融合应用能力进一步开放;进一步强化运维、管控、转发的闭环,提供基于业务质量意图的确定性保障能力,重点推动算力增值服务和连接服务协同,基于业务链技术打造算网多要素融合产品。

2.2.2.5　在网计算

算网融合的目标之一是实现按需的"转发即计算"服务,将计算融入网络,使网络根据业务需求和资源状态参与计算,实现高效数据处理,从而提升系统整体计算效率,降低网络延迟,减少总体能耗。

在网计算是推动网络算力化的关键技术,也是当前高性能计算和人工智能相关领域的前沿研究方向。在网计算通过异构可编程网络设备,如可编程交换机、FPGA 智能网卡、多核数据处理单元(data processing unit,DPU)等,将多种计算、网络、存储、安全相关功能卸载至网络设备,在完成数据转发的同时实现部分数据处理,有效解决高性能计算应用程序中集合通信和点对点通信的瓶颈问题,为算力网络体系中的智能计算中心网络、高性能云网络、工业互联网络等高性能需求大幅加速业务处理过程,进一步提升数据中心的可拓展性。

1)研究进展

在网计算架构包含三层,分别为异构资源层、能力抽象层、应用服务层。异构资源层包含可编程交换机,以及 DPU、FPGA 等可自定义逻辑的加速卡。当前在网计算技术仍处于研究初期,首先,面临网络设备资源受限的挑战,可编程网络设备片上存储和运算资源有限,限制了除转发以外的功能实现;其次,异构硬件统一抽象面临不同类型芯片之间和不同芯片架构之间协调统一的难题;最后,在网计算元语碎片化,很难以可重用的方式卸载到设备内部,用于不同的应用。

DPU 是新近发展起来的一种通用数据处理器,通过卸载 CPU 的管理、计算、网络、存储、安全等虚拟化任务,可以降低虚拟化资源开销,提升输入/输出(input/output,I/O)性能,同时实现裸金属服务的弹性发放,已成为数据中心第三颗大芯片。受限于软件的关联和硬件的适配,当前 DPU 算力基础设施发展面临对上与云平台、对下与服务器是强耦合关系,技术架构尚不完善,产业生态尚不健全的问题。

2)技术路线及突破方向建议

建议分阶段推动在网计算从特定场景到通用场景进行计算任务承载。

(1)近中期:应提升交换机、智能网卡等网络设备的可编程能力,制订针对更多应用场景(如分布式人工智能、分布式安全)的加速卸载方案,推动 DPU 功能与接口标准完善。

(2)远期:应沉淀不同应用场景的共性技术,攻关底层可编程网络算力的统一抽象和管理,构建通用在网计算体系架构,推动在网计算从局部应用走向全局泛在。

2.2.2.6 算力路由

算力路由是实现"算力网络化"的标志技术,旨在通过网络来感知、调度、编排算力,融合计算和网络形成新的架构和协议,进一步推动基础设施走向算网融合,使海量的应用能够按需、实时调用不同位置、差异化的算力资源,通过连接和算力的全局优化,实现用户体验、资源利用率和网络效率的最优组合。

1) 研究进展

中国移动于 2018 年提出并启动研发算力路由的原创技术体系,目前业界正在开展算力路由阶段性方案验证工作。2023 年 4 月,IETF 批准成立算力路由工作组,是我国算力网络原创技术走向国际的里程碑。

基于边界网关协议(border gateway protocol,BGP)是全球网际互联的域间路由控制协议的唯一事实标准,其创新涉及 TCP/IP 协议族核心协议的改动,难度非常大。因此,中国移动和中兴提出基于 BPG 协议感知通告算力信息,即算力感知(computing aware,CA)BGP 协议簇,在距离向量上叠加计算向量,设计了自适应算力通告机制和新型多因子算路算法,实现算力和网络的联合优化。

(1) 自适应算力通告机制。

算力信息更新频率快、信息类型多,以 BGP 增量更新网络信息的方式简单叠加算力信息,会出现信息泛洪、路由震荡的问题。自适应算力通告机制通过分域通告约束算力信息更新范围,以及分类通告减少算力信息的无效通告,从而解决了以上问题,如图 2-7 所示。

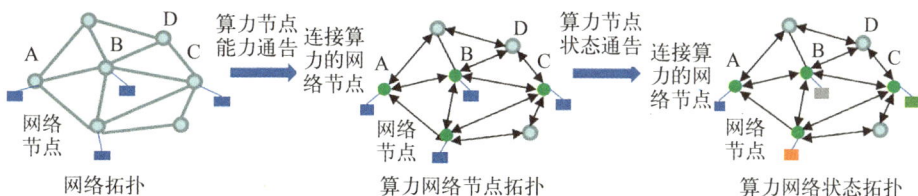

图 2-7 自适应算力通告机制示意图

(2) 新型多因子算路算法。

在 BGP 距离向量上叠加计算向量,简单叠加将导致路由不收敛,改变 BGP 选路方法会影响 BGP 路由决策。新型算网多因子算路算法通过构建算力路由信息表(CA‐RIB),考虑距离因子、算力因子以及权重,即算网开销＝加权系数1×网络开销＋加权系数2×算力开销,用于解决以上问题。

2) 技术路线及突破方向建议

算力路由包括网络层的 Underlay 与应用层的 Overlay 两条技术路线,如图 2‐8 所示。网络层的 Underlay 技术主要聚焦于物理设备和物理链路,通过路由协议的创新优化来提升网络的物理连接性、数据传输的可靠性和稳定性。应用层的 Overlay 技术则主要聚焦于网络虚拟化技术的创新优化,满足算力路由对网络资源灵活性和可扩展性的需求。建议对两条路线同步开展探索。

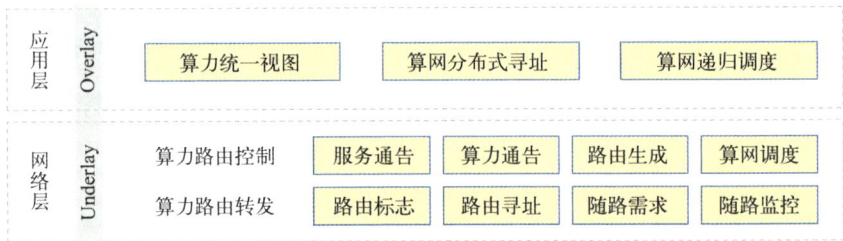

图 2‐8 算力路由两类技术路线示意图

(1) 近期:推动从单一维度到多维度资源感知体系的演进,初步构建基于多维度资源感知及 SRv6 选路的集中感知路由调度能力。

(2) 中期:探索演进算力路由方案,Underlay 基于 IPv6/SRv6 等已有协议扩展增强,Overlay 基于应用层优化,同步形成 Underlay 与 Overlay 协同的智能路由调度体系。

(3) 远期:探索新型算力路由协议体系,设计全新协议体系和算路算法,实现更加优化的多要素叠加融合路由。

2.2.2.7 广域高性能网络

根据 SNS Insider 发布的《云迁移服务报告(2022 年)》,云间数据迁移服务市场规模达近百亿美元,并持续以 25％ 的年增长率递增。受限于网络吞吐能力不足,目前 TB 级别的数据迁移多采用人工快递硬盘,效率较低。在有限的网络和算力资源下,广域高性能网络通过将远程直接存储器访问(remote direct memory access,RDMA)技术和高性能无损网络技术相结合,实现网络高吞吐量、数据高可靠性、算力低损耗三者的动态平衡和综合最优,满足"东数西算、东数西存、东数西训"等场景应用,以及多数据(智能算力、超算算力)中心之间远距离传输数据的需求。广域高性能网络技术实现逻辑如图 2-9 所示。

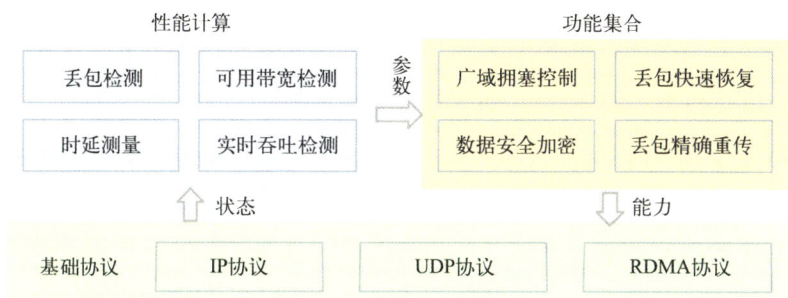

图 2-9　广域高性能网络技术实现逻辑示意图

1)研究进展

(1)突破方向 1:拥塞控制技术。

广域拥塞控制算法按照拥塞判断依据分为三类。一是丢包类拥塞控制,典型算法包括 Reno、CUBIC 等,但一旦丢包就导致发送速率过度调整,吞吐受限,从而引发拥塞。二是往返时间(round-trip time,RTT)类拥塞控制,典型算法包括 FAST、Vegas 等,但一旦 RTT 变大就导致发送速率过度调整,吞吐受限,从而引发拥塞。三是带宽类拥塞控制,典型算法包括基于带宽和延迟反馈(bottleneck bandwidth and round-trip propagation time,BBR)的拥塞控制算法、用于实时媒体通信的网络拥塞控制(Google congest control,GCC)算法等,通过可用带宽变化调整发送速率,在欠调整情况下丢包率高。

随着广域网拓扑日益复杂、业务越来越多样,设备类型越来越异构,拥塞控制算法也在不断完善,期望达到物理带宽的吞吐量。建议进一步深入研究设计扩展性强、准确性高的广域拥塞控制算法,实现基于单向时延和可用带宽的高精度测量。

(2)突破方向 2:RDMA 技术。

高速数据传输会带来算力损耗居高不下、CPU 的每秒事务处理量(transaction per second,TPS)有限的问题,RDMA 成为数据高效传输的首选技术。RDMA 目前有 Infiniband、基于以太网的 RDMA 技术(RDMA over converged ethernet,

RoCE)v1/v2、互联网广域远程直接内存访问协议(internet wide area RDMA protocol,iWARP)三种实现协议。其中,RoCEv2 协议易部署、性能高,但在广域网中应用仍具备较大挑战。究其原因,一是广域网丢包率较高,对于 RDMA 原生 Go‑back‑N 丢包重传机制,少量丢包即可导致吞吐量大幅下降;二是 InfiniBand 贸易协会(InfiniBand Trade Association,IBTA)没有针对 RDMA 定义数据加解密算法,缺乏数据安全机制。

建议进一步优化精确丢包重传技术,基于高效、准确的丢包检测,设计精确丢包重传机制,消除 RDMA 原生 Go‑Back‑N 丢包重传机制的缺陷。

2)技术路线建议

广域高性能网络技术研究仍处于起步阶段,有许多问题亟待解决。

(1)近期:聚焦多智能计算中心广域数据传输场景,攻关广域网流量拥塞控制、精确丢包重传、快速丢包恢复等关键技术,对核心算法仿真验证并迭代优化,结合理论分析和软件仿真确定技术实现。

(2)中期:基于关键技术研究成果,探索端网协同部署、端侧部署等多种实施方案,从部署成本、方案功能、网络性能等多维度评估并选择最优部署方案,研发广域高性能网络原型系统,开展系统验证并推动落地应用。

(3)远期:推进广域高性能网络技术及产业成熟,从关键算法研究、技术仿真验证、原型开发测试、部署落地等方面构建全流程产业生态,推动高吞吐量、高可靠性、低时延、低算力损耗的广域高性能网络发展。

2.3　算网融合服务关键技术

2.3.1　多要素融合编排

算网融合后,算网资源改变了云网融合时期云、网资源分别编排管理的态势,可全面统筹编排算网资源,以更好地满足业务需求,避免算网资源分布、分散编排管理时的资源配置不合理现象。

多要素融合编排就是对算力网络的 ABCDNETS 多种要素的融合统一编排调度,从而实现在算网业务需求和算网基础设施资源之间寻求最优供需匹配,是算网融合发展的核心技术。

1) 研究进展

面向算网多要素融合编排,目前学术界和业界仍处于研究攻坚阶段,尚未形成统一的标准和定义,侧重点也有所不同。

中国移动在《算网大脑白皮书(2022 年)》中提出,算网编排一方面针对不同的算网业务和服务水平协议(service level agreement,SLA)需求,应结合算力解构技术,将多样化、大粒度、复杂的算力任务分解为小粒度、简化的算力任务;另一方面需根据业务需求对人工智能、大数据、安全等要素能力灵活组合、统一编排,实现多要素能力的融合供给和最优匹配。

孙杰、马国华等学者认为,新型算力编排应自动化、智能化、孪生化,实现在云网全局拓扑下,业务目标等级协议和云网资源组合联合价值的最大化。

叶沁丹、范贵生等学者认为,算网编排的核心是驱动以网强算、以算调网,算网编排应当包括资源编排和服务编排两个层面,可按照性能、成本、安全、能耗、综合五种策略进行动态融合编排,并将编排能力定义为 5 个能力级。

2) 技术路线建议

(1) 近期:主要实现算力网络多要素编排模型构建,试点算力和网络的协同编排,攻关泛在资源调度算法、算力解构等技术。

(2) 中远期:中期逐步构建人工智能、大数据等要素的融合编排能力,远期实现覆盖算网全要素的融合编排能力,并引入意图驱动等前沿技术,提升算网大脑的智慧编排能力。

2.3.2　算网调度

算力和网络的统一调度综合考虑用户位置、数据流动、业务保障等级等多方面因素,通过跨域拉通云间、云内多段网络,跨层调度云边端多级算力,最终实现算网用户体验、资源利用率和网络效率的最优组合,是最终实现算网融合的关键。目前算网调度仍在研究攻坚阶段,尚未开展规模化试点工作。

1) 研究进展

中国移动在《算力网络技术白皮书》中提出泛在调度技术,旨在通过泛在算力的跨层、跨区域融通和网的跨域、跨专业拉通,实现算网基础设施高效利用和应用的灵活调度。目前泛在调度亟须解决三方面问题:一是实现服务和应用的跨集群全域调度,要结合分布式云原生方案攻关粒度更细的资源和应用感知、敏捷管理及弹性调度,攻关多级异构算力和多方算力的全局监控、统一管理,面向应用提供一致的容器服务、编排支持等;二是实现算和网的一体化调度,在汇集算和网实时动态数据的基础上,攻关算网全量感知弹性调度机制,为用户需求感知、高效资源利用等提供多维度的智能化、自动化调度决策支持;三是实现泛在终端算力调度,需要攻关适合在终端部署的,资源占用率低、平台兼容性高、安全隔离性强的体系化调度架构。

中国联通认为算网调度应注重网络连接和控制对云、边、端的异构资源的纳管和多集群协调的影响和融合,李铭轩、常培等学者提出面向函数即服务(function as a service,FaaS)的算网异构资源调度技术,在传统纳管各种新型异构计算资源的基础上,采用云原生架构提出了面向 FaaS 的 Serverless 框架,从而可以很好地屏蔽掉纷繁复杂且异构多变的算力网络资源。

中国电信在《云网融合 2030 技术白皮书》中提出的算力网络架构分为应用层、算力资源调度平台层和路由层。该框架以算力资源调度中心拥有全局资源信息为前提,其中应用层完成算力的分解和申请,算力资源调度平台层完成算力分配,路由层完成算力转发。

华中科技大学教授莫益军提出了算网融合调度的应用层任务分解和底层网络资源融合调度方案,举例说明了算力过载和网络拥塞条件下的算网融合调度机制,以及共流多算力任务的资源调度和报文复制消除机制,认为对更加普适的统一算网调度机制和算网融合路由协议字段扩展还需进一步研究。

2)技术路线及突破方向建议

(1)近期:建议探索 Underlay、Overlay 以及两者协同的多种技术路线,研究新型算力路由与寻址机制,研究从单一距离向量路由到算力、距离多要素叠加融合路由演进,基于 IPv6/SRv6 等协议进行继承性创新。光网络引入业务感知能力和可视化技术,实现从带宽的自动调整、调度业务向算力资源需求节点集合以及算网布局优化。

（2）中远期：形成新型路由协议和寻址机制，探索"算力＋网络"的多因子联合调度算法，引入人工智能技术自学习算网业务，基于对算力资源/服务的部署位置、实时状态、负载信息的感知，以及对业务需求的感知，按需动态生成业务最优调度策略。

2.3.3　算网感知

算网感知通过抽象业务场景形成感知场景来延伸现有算网资源模型，统一算网感知对象，分层次、分主题、分维度构建一体化的算网感知模型，实现对业务和算网资源状态的实时捕捉、理解和预测，是实现算网多要素智能编排调度和一体化运营的重要基础。

1）研究进展

算网融合感知模型已初步建立，当前领域内感知方案相对成熟，但算、网、应用协同感知仍然有难点，尚未构建从算网全局视角统一规划的算网感知体系和标准，需要进一步奠定发展基础。

中国移动提出，算网感知需要重点考虑两个方面。一是持续完善针对新型算力（如 GPU、FPGA 等）与网络协议（如无损网络 RoCEv2 协议）的状态感知方案，构建统一量化异构算力节点的可用性、连接可用性、网络负载状态等的多维指标体系；二是针对算网资源状态的实时采集，推动采集工具向轻量化、敏捷化演进，契合算网的动态环境。

姚惠娟、陆璐、段晓东等学者提出算力感知网络（CAN）体系架构，如图 2-10 所示。从逻辑功能上可分为算力应用层、算力管理层、算力资源层、算力路由层和网络资源层，并搭建实验网证明了 CAN 调度系统能够将业务请求分配到更优的边缘节点上，从而实现边边协同、整体系统负载均衡优化、资源利用率优化等。

中兴根据算网一体服务对 IP 网络演进的要求，提出了服务感知网络（service aware network，SAN）的创新技术方案，基于 IPv6 的扩展能力，在网络层构建一个服务功能子层，成为应用层和网络层之间的桥梁，如图 2-11 所示，实现网络对业务算网需求和算力资源的感知，以及基于两类感知的服务路由，使能 IP 网络成为算网一体服务的新型能力平台。

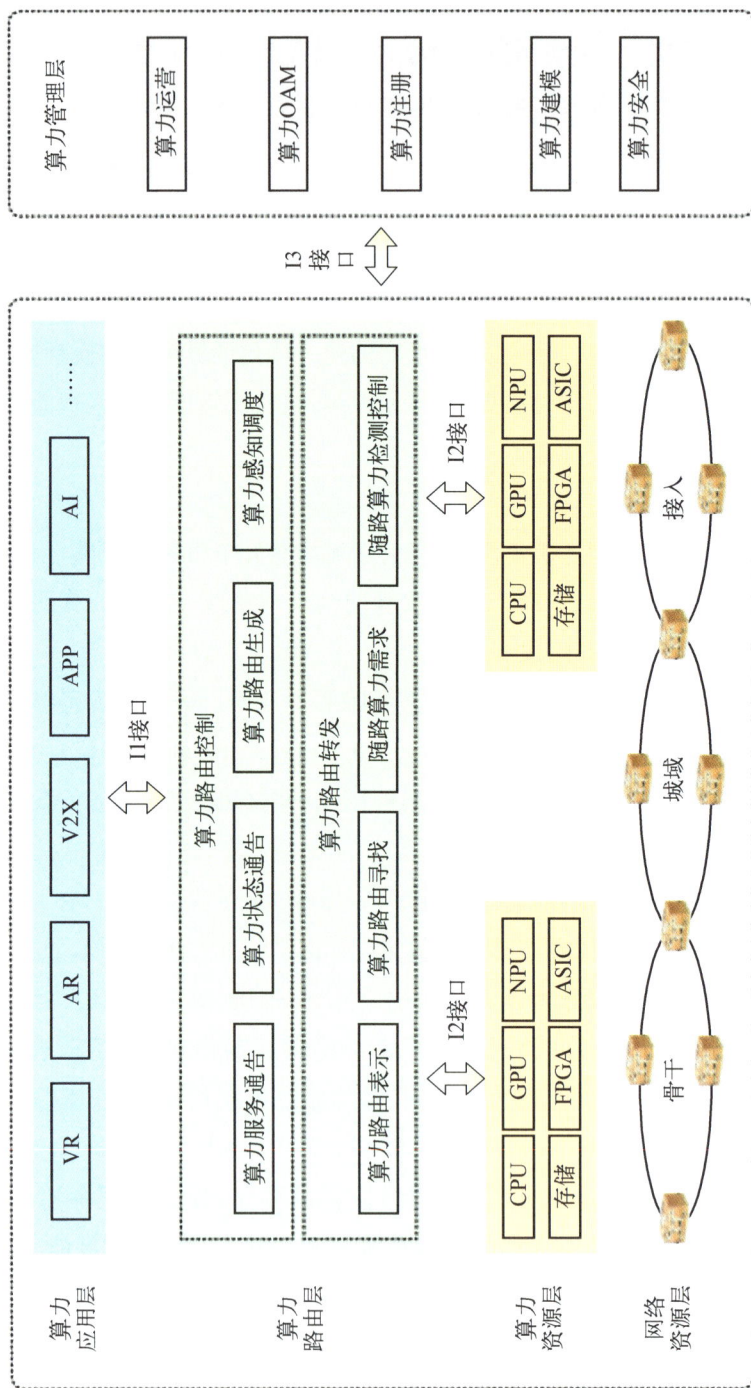

图2-10 算力感知网络（CAN）体系架构

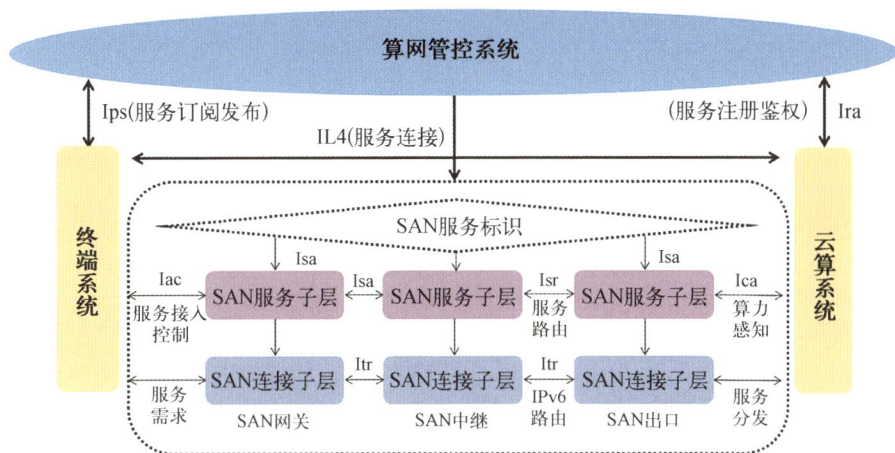

图 2‐11 服务感知网络(SAN)技术方案

2)技术路线及突破方向建议

(1)近期:推动算网融合的感知技术体系和数据体系构建,将算网数据纳入统一的算网感知数据体系;加快试验网的试点建设工作,扩大试验网规模。

(2)中远期:实现算网资源转台的实时捕捉、理解以及预测,构建支持算网实时感知和动态调整的数据能力。

(3)远期:构建算网数字孪生和算网自智的算网感知能力。

2.3.4 算力并网

算力并网是算力网络运营交易的核心,通过广泛吸纳多主体、多类型的算力资源,推动算力成为社会级服务。可并网的算力包括三方云池、服务器算力以及智能算力/超算算力。

1)研究进展

中国移动提出,算力并网分为算力接入、算力注册、算力分级、运维管理、算力度量和可信交易六个环节,可分为转售、运营层对接、编排管理层对接和小型算力纳管四种并网模式,如图 2‐12 所示。目前转售模式在技术上较为成熟,已实现规模化应用;管理层对接方式、运营层对接方式有待进一步标准化;小型算力池纳管方式已在 2023 年第一季度基本完成技术可行性验证,但在标准制定、商业模式等方面还需深入探索。2023 年 4 月,中国移动与华为公司在浙江试点社会算力并网,完成了人工智能模型训练任务的调度,验证了流程环节的可行性。

	S1: 转售 (如阿里云)	S2: 运营层对接 (如智算/超算)	S3: 编排管理层对接 (如阿里云/腾讯/国际)	S4: 小型算力纳管 (如浪潮、紫光小型算力池等)
①算力接入	N/A	标准/私有API对接 ★	标准API对接 ★	标准化/云原生接入 ★
②算力注册	N/A	N/A	资源可视、可编排	资源状态、使用情况可知且可编排 ★
③算力分级	N/A	标准化评价分级 ★	标准化评价分级	标准化评价分级 ★
④运维管理	对方运维	对方运维	对方运维	共同运维
⑤算力度量	N/A	统一度量标准	统一度量标准	统一度量标准 ★
⑥可信交易	对方计费 交易无需上链	双方计费 交易需上链	双方计费 交易按需上链	移动计费 交易需上链 ★

并网流程涉及六个环节　　　□ 已有模式　　[⋯] 正在探索的模式　　★ 潜在标准化方向

图 2-12　算力并网模式

于施洋等学者认为,打造城市算力网首先是促进并网,算力并网标准规范对并网算力的技术约束条件和接口加以标准化和统一,让各类零散数据中心得以并入,使得算力作为货架商品在技术上可行,实现算力供给端解耦。目前在算力并网的国家级科研试验平台方面还处于空白的状态。

2)技术路线建议

建议针对不同算力类型探索不同的并网模式,综合考虑技术成熟度和市场业务需求,分阶段逐步实施。

(1)近中期:加快推进编排管理层对接方案、运营层对接方案的规范化和标准化,实现通用算力并网。

(2)远期:实现智能算力、超算算力并网,快速推进小型算力池纳管方案商业闭环,需要加快制定接入、注册、度量、分级、交易等方面的标准,同时积极开展试验验证和商业模式设计,加快推进技术和产业成熟。

2.4　本章小结

算网融合关键技术成熟度可划分为早期、初期、中期、成熟 4 个等级,如图 2-13 所示。

(1)早期:技术开发仍处于起步阶段,技术标准和基础设施尚未完善,尚未形成可操作的产品,技术发展缓慢。

早期	初期	中期	成熟
算力原生	在网计算	多样性计算	SRv6
算力度量	800 G	云原生	400 G
算力路由	算网调度	存算一体	
广域高性能网络	算网感知	新一代SD-WAN	
多要素融合编排	算力并网		

▭ 算力基础设施关键技术　　▭ 网络基础设施关键技术　　▭ 融合服务关键技术

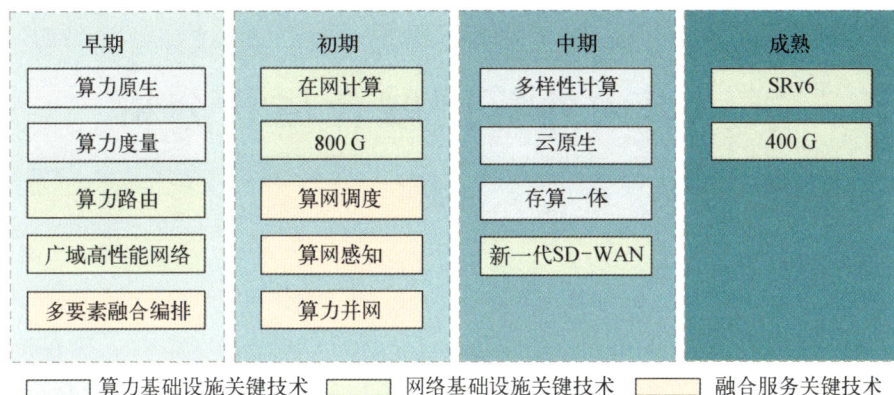

图 2-13　算网融合关键技术成熟度划分

（2）初期：技术开发已进入稳定阶段，技术标准和基础设施仍未完善，尚未形成可操作的产品，技术发展仍然缓慢。

（3）中期：技术标准和基础设施基本完善，可以形成可操作的产品，技术发展速度较快。

（4）成熟：技术发展相对完善，技术标准和基础设施完善，产品应用形成体系，发展速度开始放缓，已实现规模化商用部署。

可见，目前我国算网融合发展已具备一定的技术基础，但仍面临诸多挑战和问题，需要从多角度进行促进和激励，推动技术体系发展和完善。

第3章 国内外算网融合运营分析

在当今数字化转型加速时期,算网融合作为信息技术领域的重要驱动力,正深刻改变着全球经济结构与社会生活方式。面对这一全球性趋势,不同国家和地区纷纷加快布局与探索,力求在算网融合的浪潮中抢占先机,不仅为了推动本国或本地区的数字经济实现跨越式发展,而且为了在全球信息化进程中占据有利地位,增强国际竞争力。国内外的算网融合运营情况不尽相同,从电信运营商到云厂商,各自展现了独特的战略导向与运营模式。

3.1 国外电信运营商运营情况

国外电信运营商大多专注于网络运营,将投资和精力集中在通信服务的供给上,并通常与互联网公司合作,较少直接参与数据中心等算力基础设施的建设和运营,也很少直接参与算力市场竞争。

3.1.1 美国:专注网络

美国电信运营商采取"专注网络"的运营模式,即电信运营商主要凭借骨干网和接入网资源,向客户提供网络接入和带宽租赁等业务,始终作为互联网基础设施供应商的角色,相对较少直接涉足互联网内容应用等增值业务领域。例如,美国电话电报公司(American Telephone & Telegraph,AT&T)注重核心通信能力,主要将三个领域作为公司战略的核心:一是扩大光纤网络的覆盖范围并优化部署规划,以确保更广泛、更高效的网络连接;二是通过网络虚拟化、开源技术、云原生系统以及大数据和微服务的应用,对传统网络进行深度改造与升级;三是将内容资产如家庭票房(Home Box Office,HBO)Max 流媒体平台与 5G 和宽带服务紧密结合,探索新的业务增长点。

美国电信运营商在云服务市场和互联网数据中心(IDC)领域竞争实力相对较弱,难以单凭自身力量有效推动算网融合的深入发展。近年来,受成本压力影响,美国电信运营商不得不做出战略调整,纷纷剥离数据中心业务。例如,Verizon 在 2016 年初向 Equinix 出售了约 29 个数据中心,AT&T 在 2019 年将数据中心主机代管业务和资产出售给 Brookfield。

但在算网融合的大趋势下,美国电信运营商并未彻底放弃对云能力和边缘计算业务的探索与布局,主要采取与大型云厂商合作的战略,以互补优势、共同推进。如 2019 年,Verizon 与亚马逊云科技(Amazon Web Services,AWS)合作,在 5G Edge 平台上部署 AWS Wavelength,旨在释放 5G 全部潜能;2020 年,AT&T 与微软合作开发 Azure Edge Zones 边缘计算平台,应用于高度可扩展的计算、存储和网络,并通过 NetBond for Cloud 计划为主流云服务提供商提供云连接服务。

3.1.2 欧洲:聚焦高性能计算

欧洲没有具备市场领导力的云厂商。迫于投资回报率等压力,欧洲难以实现"欧盟国家 2030 年千兆宽带全覆盖"的目标,欧洲电信运营商积极在网络和计算服务运营层面寻求合作创新,试图扩大盈利。在欧洲数字化战略背景下,投资重点转向超级计算、量子计算等高性能计算方向,因此部分头部电信运营商会涉足算网领域,成为算网提供商。

例如,德国电信在欧洲市场有较大的市场占有率,除为固定及移动网络提供网络接入服务、通信服务以及其他增值服务外,也在智能网络以及 IT、互联网和网络服务方面积极投资,拥有全球性数据中心和网络基础设施。其旗下子公司 T-System 于 2020 年在全球范围内为客户提供计算和网络连接服务,于 2023 年 3 月与 IBM 达成量子计算云服务合作。

沃达丰作为世界上最大的跨国通信运营商之一,致力于整合并构建泛欧洲一体化移动网络。2022 年,沃达丰与谷歌云共同推出了新的统一网络性能管理平台,已在沃达丰服务的 11 个欧洲国家完成部署。该平台基于云原生技术,用于监控、管理、优化、智能规划整个泛欧洲移动网络,涉及的边缘数据节点超 80 亿个,帮助沃达丰更有效地管理网络容量、改善客户体验、加快部署 Beyond 5G 和边缘计算服务。

西班牙电信在本国和拉美地区具有一定垄断地位。其将投资重点放在下一代网络上,并于 2023 年 3 月完成了具有 10 吉比特能力的对称无源光网络(10-gigabit-capable symmetric passive optical network, XGS - PON)商用测试,同时致力于促进云计算的创新,推出如边缘计算及在 Amazon Outposts 上运行的云原生 5G 专网服务等,积极将量子技术集成到由其虚拟数据中心托管的云服务中。此外,西班牙电信还积极与 IBM 合作,借助 IBM 的算力集群,打造了算力核心网络平台 UNICA Next,将 5G 特性与定制云相结合,提升服务的灵活性、可靠性和效率。

3.1.3 日韩: 侧重数字服务创新

日韩电信运营商的算力和网络基础设施建设均起步较早,早在 2011 年左右就制定了较为全面的云计算战略,并已向千兆光网进军,2023 年已开始万兆光纤部署。因此现阶段,日韩电信运营商主要围绕内容、技术和服务领域积极创新,并已在数字服务方面占据全球领先地位。

例如,韩国最大电信运营商 SK 电讯(SK Telecom)于 2022 年 11 月表示将转型成为人工智能和数字基础设施服务公司,将人工智能与基于电信主营业务的连接技术相结合,重新将业务板块划分为固定和移动通信、媒体、企业、AIVERSE(AI+Universe)和互联智能,其中面向企业重点发展数据中心、专网、物联网、云、大数据和人工智能六大业务领域,以期在韩国市场和亚洲市场内创造新的机遇和增长动力。在人工智能赛道,其依托自身在韩国的算网基础设施,与微软、OpenAI、Scatter Lab 等企业合作,积极布局大语言模型。

日本电报电话公司(Nippon Telegraph and Telephone Corporation, NTT)是日本电信运营商中云计算业务的领头羊,拥有全日本规模最大的机房集群。预计近 5 年 NTT 将重点投资人工智能、数据中心和其他增长领域,在技术方面主攻"量子计算+元宇宙",并与 KDDI 联合开发能源效率高的新一代光通信技术。NTT 的未来战略将侧重于企业和智慧生活数字服务,为此其正在进一步整合其云和网服务的合理性和标准性,以期将自身主力云业务与下一代通信技术结合,在算力运营方面成为亚洲乃至世界顶级电信运营商之一。

KDDI 与以色列网络软件商 DriveNets 达成合作,构建了一种具有高度扩展性的、类似于云超大规模的架构模型,带来了更好的网络经济效益,促使 KDDI 的算力水平日益增长。KDDI 于 2023 年宣布全面部署"元宇宙"业务,推出基于 DriveNets Network Cloud 的元宇宙服务"aU",目标是成为日本市场举足轻重的云计算服务解决方案供应商。

3.2　国外云厂商运营情况

国外主流云厂商包括亚马逊云、微软云、谷歌云、Meta 等,美国第三方市场调研机构 Synergy Research 的数据显示,国外主流云厂商业务范围涵盖基础云业务、开源社区、企业软件业务,行业涉及零售、医疗、制造、金融、政府与非营利组织、可持续发展、智能计算等,在各个市场领域都具备强势的领导力,业务范围覆盖全球,但较少提及算网融合或云网融合。

一方面,受持续的宏观经济不确定性影响,云计算行业需求增速放缓,降本增效成为国外云厂商的共同选择,明确强调优化云计算成本,控制云计算浪费,提高云计算部署的效率。据 Canalys 统计,2023 年全球云基础设施服务支出同比增长 18%,较 2022 年增速放缓 11 个百分点,其中亚马逊云、微软云和谷歌云仍然是前三大供应商,占全球云支出的 63%。同时,国外云厂商通过转变服务模式达成降本增效的目的,如亚马逊云基于自身的云服务实践推出了高质量的降本增效战略——云财务管理(cloud financial management,CFM),在降低成本的同时增强企业的技术创新效能和商业价值。

另一方面,国外主流云厂商普遍将投资重心转移至智能算力、新型数据中心架构等领域。如 2023 年 1 月,微软云宣布与 OpenAI 的长期合作伙伴关系进入第三阶段,加速前沿人工智能研究的突破和推进 OpenAI 模型在各产品中的部署,并强调 Azure 是 OpenAI 的独家云提供商;谷歌云基于当前形势,将布局重点转换至人工智能以及大语言模型,以期通过人工智能+云计算优化其服务模式,实现降本增效并创造新的商业价值,并与 OpenAI 的竞争对手、人工智能初创公司 Anthropic 建立合作伙伴关系;亚马逊云不仅投资了初创企业,而且与英伟达合作开发生成式人工智能系统,将提供高达 20EFLOPS 的计算性能来帮助构建和训练更大规模的深度学习模型。

同时,部分国外云厂商寻求摆脱电信运营商的途径,正在加速打造基于自身业务需求的云间互联网络体系,实现内部算力资源的高效利用。如谷歌云正在积极推动 B4 骨干网建设,通过自研交换机在全球数据中心部署软件定义广域网,用以连接其分布在世界各地的数据中心,实现数据跨域远距离高速传输;亚马逊云则依靠自身网络架构 Amazon CloudFront,建立了在 CDN 市场的领先优势,在提升业务性能、提高用户体验、节约内容分发成本、增加边缘计算功能四个方面进行大规模投入和技术演进。

3.3 国内算网运营情况

当前国内的算网运营格局呈现出多元化的特点,云厂商与电信运营商基于各自独特的资源优势,分别构建了不同的算网运营机制,共同推动着算网融合深入发展。

国内电信运营商不仅拥有网络资源优势,而且拥有庞大的云计算资源,在基础资源、运营管理、业务服务、能力开放等多个维度上实现了高度标准化,在算网融合发展方面具备天然的优势。但电信运营商的云服务产品孵化速度较慢,相较于云厂商仍有一定差距,单纯依靠自身力量难以全面满足海量用户日益多样化的需求。

例如,各省市的电信、移动、联通普遍以集团公司战略规划为指引,紧密结合本地政策环境,服务本地市场。算网融合的推进工作由电信运营商集团公司在全国范围内统筹布局,尤其是算网融合涉及的国家级枢纽节点、跨省干线建设和算网统一管理编排的一些关键环节。因此,目前各省市电信、移动、联通主要是梳理西迁业务类型,以及在集团公司的指导下探索公共经济共享平台,同时响应本地政策情况,对省内数据中心和网络进行规划建设。

此外,国家新型互联网交换中心作为本地区域级网络联通的集中交换平台,具有中立特性,也积极参与到本地算网融合发展中,主要在本区域算力资源整合、全国其他交换中心互联互通、算力网络与接入网协同等方向做出贡献,定位于打造算力调度中心,但目前合作较多的是互联网公司,电信运营商主要在国际数据中心互联方面与其接入。

国内云厂商主要以大型民营企业和第三方服务商为主,如 1.5.2 节所述,拥有通用、智能、边缘等多层级算力资源供给体系。但受限于网络运营能力的不足,云厂商主要利用其在云领域的优势向网络领域延伸,以多种方式自建虚拟骨干网、统一云网入口、发展 SD - WAN 等。如阿里云自建的全球云骨干网仍建立在电信运营商架设的基础骨干网络上,难以实现对全域计算资源池的构建和管理。

在未来国内的算网运营格局中,电信运营商同时掌握算与网的资源,在算网融合方面有较大优势,算力供给能力进一步提升。同时,电信运营商的网络管理能力可以以接口的形式得到部分开放,云厂商网络管理能力增强,市场份额可能会受到电信运营商的冲击,但算网服务质量的提升可以使其保持利润水平。算力统一调度和交易等由专门的运营管理平台负责,可能是政府或者第三方机构专门运营。另外,算网融合造成的资源耦合可能会催生出算网融合规划咨询、解决方案设计类企业,设备厂商也可能具备该类型业务,不提供算网资源,但可基于某类特定场景业务需求提供算网融合建设方案。

3.4　本章小结

欧美主流电信运营商以提供网络资源为主,较少直接参与算力市场竞争,云厂商能力较强,与电信运营商合作可提供优质、全面的算力服务;日韩电信运营商算力和网络基础设施起步较早,主要围绕内容、技术和服务领域积极创新,但总体来看国外没有提出算网融合概念。因此,国内算网运营机制与国际情况有所不同,各参与主体在政策环境驱动下,协同配合推动算网融合发展意愿较为强烈。其中,电信运营商同时掌握算网资源存在较大优势,算力供给可能提升;云厂商在电信运营商开放网络管理部分权限的情况下,算网整体服务能力将提升,从而保持利润水平;运营管理平台由政府,或如新型互联网交换中心等第三方机构负责;算网融合解决方案厂商可能成为一种新的市场主体。

第 4 章 算网融合发展路径探索

面对日益增长的计算需求和复杂多变的网络环境,如何分步、有序地整合算网资源,成为一个行业亟待解决的问题。明确不同阶段算网融合的发展特点和关键要素,对于确保算网融合能够稳健、高效地服务数字经济的全面发展至关重要,也可为实践中的算网融合建设提供可操作的路径指导。

4.1 应用及功能发展趋势

4.1.1 近期应用及功能

从三大电信运营商、云厂商、科研院所等参与主体的相关资料和调研结果总结来看,近期算网融合主要由三类应用场景驱动发展,即"东数西算"场景、云边端协同场景和算力基础设施间高速互联场景。

1)"东数西算"场景

"东数西算"工程是国家重大战略工程和全国性基础工程,主要解决东部算力供不应求、西部算力供大于求的供需不匹配、不平衡问题。一方面需要集中优质算力应对区域内敏感低时延、高算力的需求;另一方面也要打通向西的网络,按需转移大规模人工智能训练数据等温数据与冷数据。现阶段,算网服务未专门针对东西部间远距离传输场景进行设计,计算和网络难以有效配合以保障传输时延、安全性、调度需求等,需要算网融合进行支持。

因此,"东数西算"场景主要侧重于数据在东西部间远距离、高效、安全地传输,以及将数据按需调度至相应算力节点。在"东数西算"场景下,区域比较优势和新型举国体制优势得到充分发挥。东西部间政策的协同推动形成全国一体、多级联动、融合创新、自主可控的国家算力网体系,同时市场因素将起到决定性作用,电信运营商、云厂商、设备厂商、行业客户协商开展"东数西算"场景下的算网融合体系建设。

2) 云边端协同场景

云边端协同场景是指同时利用云端的海量算力资源和边端的实时算力资源,共同支撑如自动驾驶、智能工厂、远程会诊等应用获取弹性、敏捷、低时延的算力资源。在云边端协同场景中,算网融合发挥着非常重要的支撑作用。一方面,云边端网络的连接质量需要满足以上应用的高效、低时延要求;另一方面,算力供需需要实现准确配置,使云边端算力资源一体化,重点利用端侧空闲算力资源,为端侧异构设备提供更加弹性、精准的算力服务。

因此,云边端协同场景主要侧重于云边端快速高效互联、边端节点快速灵活接入以及边端按需获取算力资源。在云边端场景下,行业客户充分利用自身已有的算网资源和行业平台,主导推动算网融合发展。

3) 算力基础设施间高速互联场景

算力基础设施间高速互联场景包含多中心互联、跨服务商互联等。其中,多中心互联侧重于单一服务商的不同物理位置的算力设施间的高速互联,跨服务商互联侧重于不同服务商的不同算力设施间的高速互联。算网融合是突破算力基础设施间高速互联的重要途径。一方面,高速互联需要强化算网基础设施能力,提升数据传输效率;另一方面,运营主体根据业务需要动态、灵活地选择和切换互联方案,进一步提升互联效率。

因此,算力基础设施间高速互联场景侧重于多算力设施间高速互联,以及算力基础设施间按业务需求选择连接,甚至智能连接。互联场景建立在电信运营商的基础资源布局的基础上,故电信运营商仍是推动高速互联场景下算网融合发展的主力,新型互联网交换中心在政策的推动下也会发挥一定作用。

因此,算网融合近期功能规划主要以基础设施能级提升为主,算力和网络在融合服务层尚未实现完全贯通,主要特征为快速接入、泛在、随需调用(见1.3.4节),从算网基础设施协同层和算网融合服务层划分,面向以上三类场景,近期功能规划如图4-1所示。

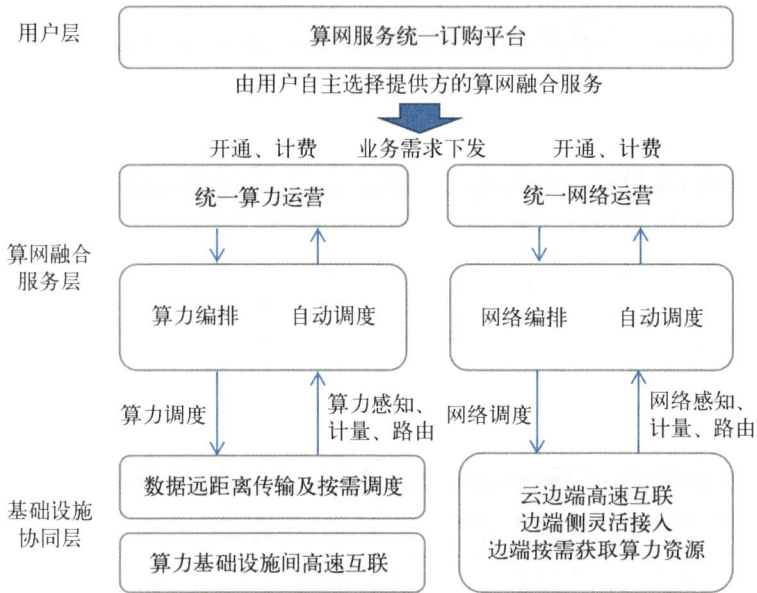

图4-1 近期算网融合功能规划示意图

4.1.2 远期应用及功能

远期,更加多元的应用场景需求将驱动算网融合体系更加完善。在算力种类方面,应用场景的多样性驱动通用、智能、超算、边缘等多类型算力设施快速形成,以及确定性、全光、无损网络等对数据传输有效支撑。在算网管理方面,算网大脑逐步完善,可全面感知算网状态,算力调度由近期的按照算法设计调度转变为人工智能根据业务需求和历史经验进行智能调度。在应用平台方面,社会算力进一步集中,可基于相应平台进行自由可信交易。

综上所述,算网融合远期功能规划相较于近期的主要升级点在于算力和网络在融合服务层面的贯通,形成统一的交易平台、算网智能运营平台和算网融合编排调度,主要特征为智能、安全、敏捷、自由(见 1.3.4 节),从算网基础设施协同层和算网融合服务层划分,远期功能规划如图 4－2 所示。

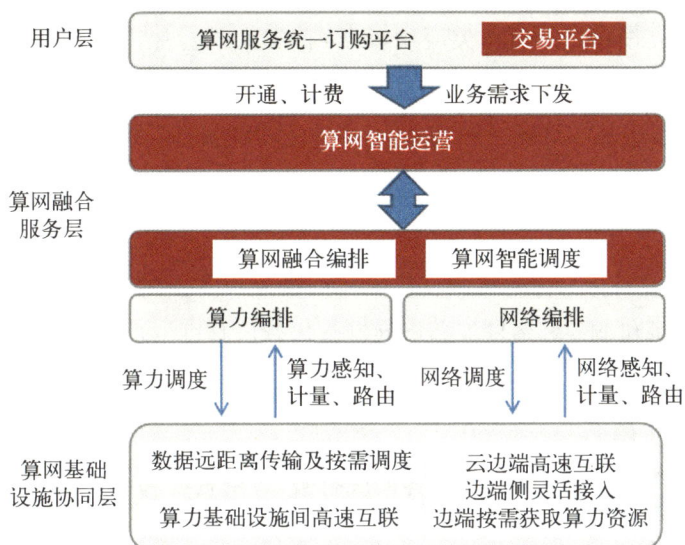

图 4－2　远期算网融合功能规划示意图

4.2　阶段目标及实施路径

算网融合发展路径并非单一。阶段性发展路径大致划分如下。

1) 第一阶段

主要阶段目标为明确场景、夯实基础、强化研发、统一标准。

(1) 明确场景:明确算网融合应用场景,近期以 4.1.1 节所述三类场景为主,远期以 4.1.2 节所述多元应用场景为主,包括人工智能、元宇宙、云游戏等。

(2) 夯实基础:夯实算网基础设施底座,强化全光网络建设和网络云化改造。

(3) 强化研发、统一标准:强化算网融合技术研发,初步制定发展技术路线和相关标准,统一服务标准和接口,实现业务自动开通和加载、统一订购。

2）第二阶段

主要阶段目标为明确机制、建立平台、实施监管。

（1）明确机制：围绕各应用场景，明确算网融合运营机制。

（2）建立平台：面向各类应用场景，首先鼓励行业内的算网融合平台建设，地区性的随后，最后形成全国性平台。

（3）实施监管：算网逻辑架构、通用组件开始趋同，算网逐步在一定范围内形成统一发放和调度，监管制度进一步强化。

3）第三阶段

主要阶段目标为完善机制、健全平台、融合一体、智能调度。

（1）完善机制：各场景下的算网融合运营机制进一步完善。

（2）健全平台：针对不同应用场景的算网融合平台落地，全国性算网融合平台发展逐步健全。

（3）融合一体：算网技术边界彻底打破，算网资源和服务成为数字化平台标准件。

（4）智能调度：算网统一编排管理智能化程度提升，实现智能需求感知和调度。

4）第四阶段

主要阶段目标为业务驱动、多元融合、自由组合、智慧赋能。

（1）业务驱动：算网服务由资源式向任务式转变。

（2）多元融合：全面融合 ABCDNETS 等多种要素。

（3）自由组合：各类资源根据业务需求灵活自由组合，可直接面向业务生成新的应用。

（4）智慧赋能：算网形成自主数据采集、自分析、自学习、自升级的智能化闭环，并提供更加专业的算力服务，全面赋能数字经济发展。

从算网融合推进现状来看，我国多数城市普遍处于第一阶段发展过程中，部分先进省市，如北京市、上海市等，正在向第二阶段演进，在平台建设、统一发放调度等关键点先行探索尝试。

针对以上四个阶段，从政策、技术、服务三个关键要素层面，对每个阶段路径进行细化，形成政策、技术、服务三方面具体路径。

1) 政策关键要素层面

(1) 在第一阶段中,以全国一体化大数据中心体系建设及"东数西算"工程为引领,集群细化数据中心及网络等建设方向和方案,强化算力和网络基础设施建设规划指引,提升对技术创新、节能减排等能力的要求。

(2) 在第二阶段中,引导建成各类算网融合平台;建立市场准入制度,明确准入机制,明确参与主体运营范畴;完善监管制度,包括算网基础设施、算网融合服务质量等。

(3) 在第三阶段中,引导建成区域性算力交易平台,鼓励社会多方用户接入平台,并与全国性平台积极对接;完善对平台运营的监督管理;形成算网融合场景评价机制,对算网融合实现情况进行分级评价。

(4) 在第四阶段中,形成规范、健全的算网融合市场管理制度。

2) 技术关键要素层面

(1) 在第一阶段中,进一步强化对云平台的云原生技术改造,加速 IPv6、SRv6、全光互联等网络技术应用,提升算网底层能力;加强对算网感知、编排、调度等融合服务技术的研究;参与主体协商制定算网融合相关技术标准,明确并统一算网融合服务调用接口。

(2) 在第二阶段中,形成成熟的算网融合调度机制;电信运营商基于实际情况开放网络管理接口。

(3) 在第三阶段中,算网融合技术体系不断升级,形成完善的算网融合解决方案,能够面向更多场景提供算网融合建设方案。

(4) 在第四阶段中,融合技术成熟,并可根据业务需要进行多元要素的灵活组合。

3) 服务关键要素层面

(1) 在第一阶段中,强化算力基础设施间互联的算网融合场景建设,基本实现算力基础设施间高速互联和随需连接。

(2) 在第二阶段中,参与主体明确各自的算网融合需求和资源供给内容;强化云边端协同的算网融合场景建设,初步形成面向"东数西算"场景的算网融合应用;开展算力共享经济平台建设,积极纳入社会闲置算力。

(3) 在第三阶段中,算力调度平台、共享经济平台成熟,形成灵活泛在的算力和网络供给机制。

（4）在第四阶段中，形成成熟的算力赋能平台，为各类应用场景提供算力支撑。

将对三类面向近期的应用场景同步探索实施，并按照算力基础设施间高速互联场景、云边端协同场景、"东数西算"场景的先后顺序，在第一、二阶段中逐步实现。因此面向近期三类应用场景，有必要明确更为详细的实施路径，促进算网融合加快建设并落地，为远期算网融合发展打下坚实基础。

1）算力基础设施间高速互联场景

算力基础设施间高速互联场景实施路径可分为三个阶段，如图4-3所示。阶段一：电信运营商不断提升算网基础设施水平，统一底层硬件互联互通基准，连接云边端间各级别、各结构算力基础设施。阶段二：电信运营商面向特定的云厂商、第三方服务商及行业客户开放网络接口，云厂商、第三方服务商及行业客户在一定程度上实现对互联网络的控制，可自由配置互联方案，实现自身多个算力节点间的协同。阶段三：电信运营商进一步提升互联能力，多个主体之间的数据传输可根据业务需要和线路情况智能选择链路，实现算力任务式分发。

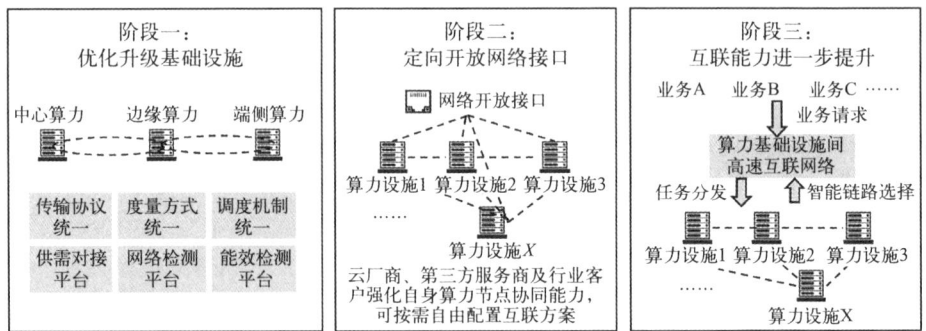

图4-3 算力基础设施间高速互联场景实施路径

2）云边端协同场景

云边端协同场景实施路径可分为三个阶段，如图4-4所示。阶段一：行业客户基于自身业务需求，需要云边端多种算力支持，可联合电信运营商及新型互联网交换中心，利用算网融合技术强化云边端协同，充分激活本地已有算力资源。阶段二：行业客户可共同构建面向行业的异构算力协同平台，实现一定范围内的数据分析、存储、预测、决策。阶段三：基于行业平台，实现行业内的算力感知、调度以及交易，如上海市电力公司的电力行业工业互联网能源链支撑平台，对接数百家链上企业数据，可全面提升行业水平。

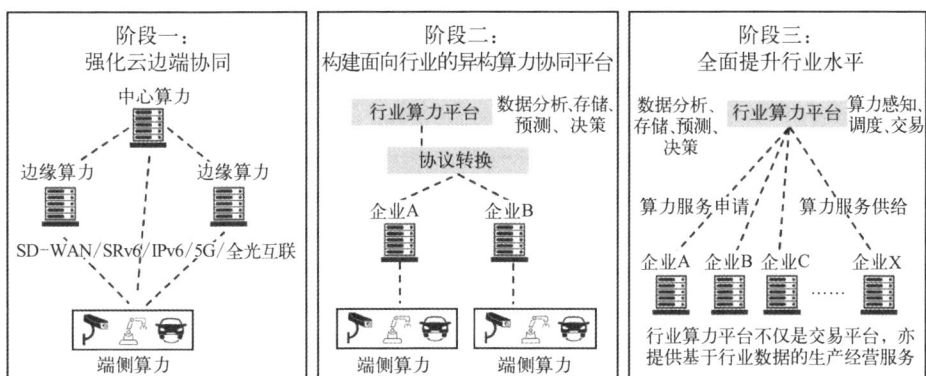

图4-4 云边端协同场景实施路径

3）"东数西算"场景

"东数西算"场景实施路径可分为四个阶段，如图4-5所示。阶段一：优化升级基础设施，统一传输协议、度量方式、调度机制等标准规范。阶段二：先构建本地区域性统一运营调度平台，并同时与全国统一运营调度平台做好对接。阶段三：在国家统筹安排下，统一平台接入、准入和调用标准，纳管社会算力。阶段四：利用区块链等技术强化安全支持，实现全域算力共享和交易。

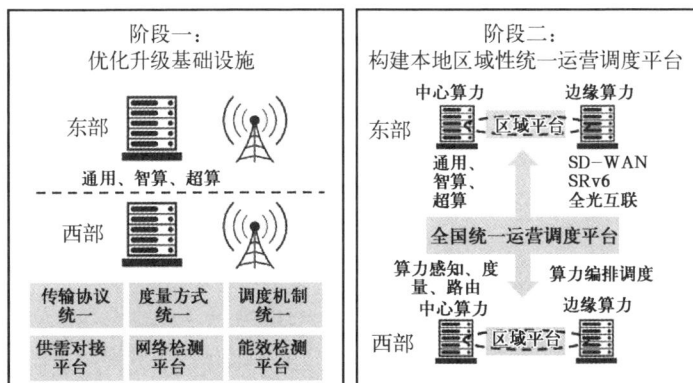

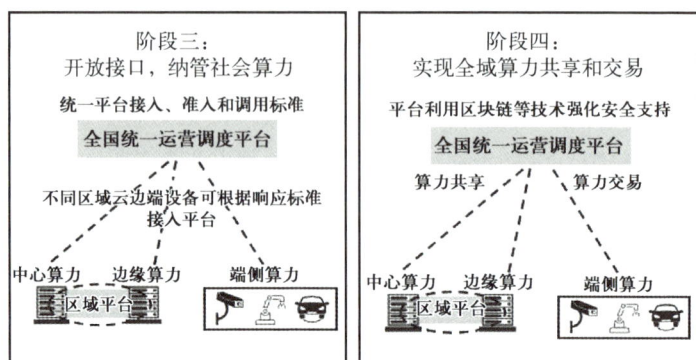

图 4-5 "东数西算"场景实施路径

4.3 本章小结

算网融合近期主要以"东数西算"、云边端协同、算力基础设施间高速互联三类场景为驱动,以基础设施能级提升为主,算力和网络在融合服务层尚未实现完全贯通,主要特征为快速接入、泛在、随需调用。远期将在融合服务层面贯通提升,主要特征为智能、安全、敏捷、自由。算网融合发展路径并非单一,可从横向和纵向两个方面纵深推进。横向分为四个阶段:第一阶段主要目标为明确场景、夯实基础、强化研发、统一标准;第二阶段主要目标为明确机制、建立平台、实施监管;第三阶段主要目标为完善机制、健全平台、融合一体、智能调度;第四阶段实现为业务驱动、多元融合、自由组合、智慧赋能。纵向从政策、技术、服务三个关键要素层面展开,三类面向近期的应用场景将同步探索实施,并按照算力基础设施间高速互联、云边端协同、"东数西算"的先后顺序,在第一、二阶段中逐步实现。

第5章 算网融合发展策略分析

随着数字经济蓬勃发展,算网融合已成为推动社会进步与产业升级的关键力量。为全面加速这一进程,需通过多维度的策略布局和配套支持,引导、推动地区算网融合发展,构建高效、协同、可持续的算网融合生态体系。

5.1 发展策略框架

相关政府部门可在各项规划和政策文件中强化算网融合发展阶段性目标,规划演进路线,制定相应的建设任务,强化地区算网融合发展与"东数西算"工程、产业发展协同,推动算网资源价值充分释放。以基础设施、技术探索、主体协同、应用场景的进一步强化为核心,以规范发展和配套支持为保障,促进算网供给能力提升、推动供需双方对接、完善服务配套体系,形成与算网融合发展相关的思路框架,如图5-1所示。

5.2 促进供给能力提升

为推动算网融合发展,需持续强化底层算力与网络基础设施能力的协同升级,进一步匹配国家"东数西算"工程战略部署,确保资源调配效率、关键性能指标等全面满足并引领行业发展需求。同时,要紧密跟踪全球前沿技术演进动态,确保技术路线的前瞻性、创新性和可持续性,为算网融合的深度发展奠定坚实基础。

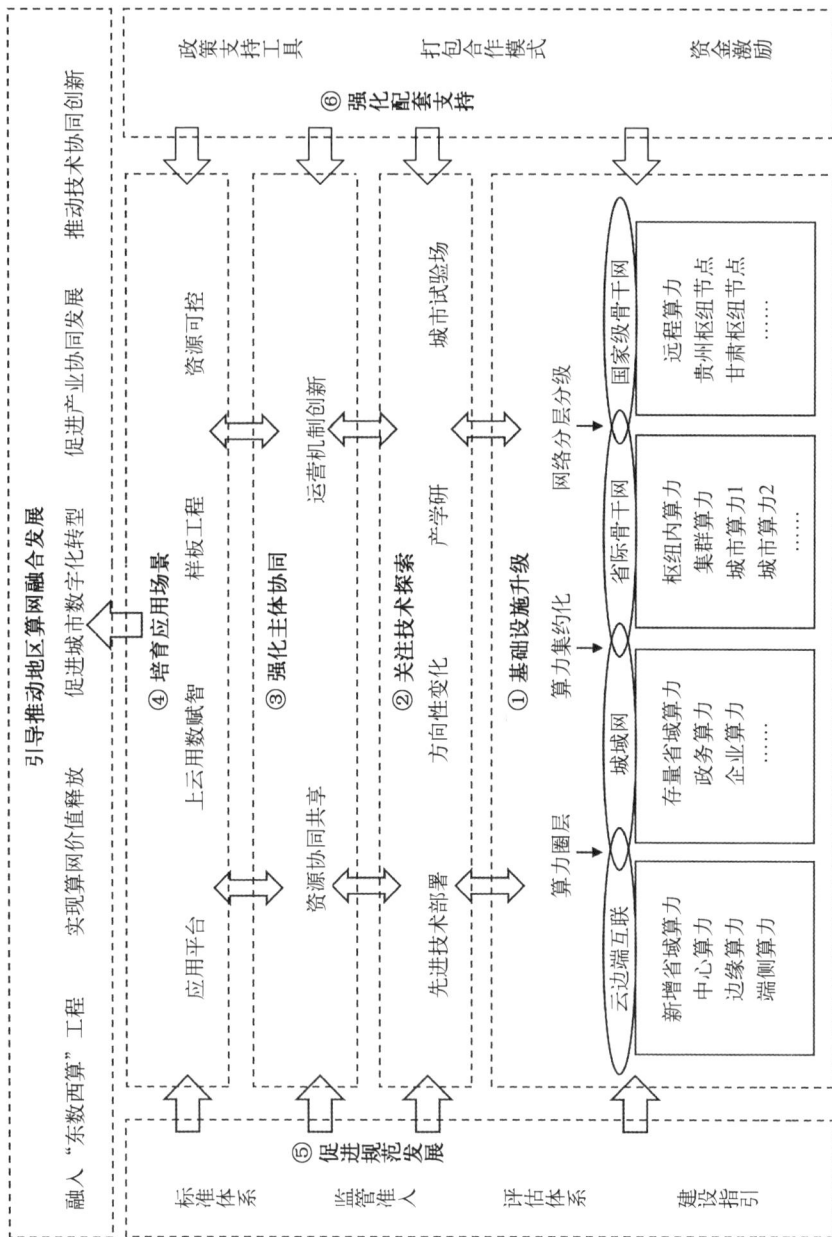

图 5-1 算网融合发展建议框架思路

5.2.1　基础设施升级

5.2.1.1　算力基础设施

算力基础设施升级策略是引导体系化布局、推动集约化建设,以枢纽节点建设为契机,强化算力资源供给的普遍覆盖。

1) 引导算力基础设施体系化布局

以"东数西算"工程为契机,结合城市产业规划,统筹做好城市内部和周边区域的算力基础设施布局,加快形成算力基础设施的圈层空间结构,确保与土地、水电等关键资源协调发展及可持续利用,从而有效减轻在城市核心区域建设大型算力基础设施所面临的资源紧张与环境压力。

第一圈层为边缘算力,面向不同场景、不同产业需求,聚焦城市特色产业园区、大型厂区、商圈等需求密集区,充分利用通信机房、变电站等既有空间资源,把控合理的集网络、计算、存储等能力于一体的边缘计算节点的均衡建设和整合节奏,推动算力从云端集中式空间分布架构向云边端分布式空间架构转变。

第二圈层为城域,持续规整算力资源空间布局,适度超前布局智能计算中心、高性能云计算中心、边缘计算中心,主要满足人工智能、车联网、金融交易等对网络时延要求极高的应用场景建设和市场需求。

第三圈层为算力枢纽节点内,以上海市为例,以长三角一体化示范区和芜湖两大集群为支点,通过长三角区域内合作共建重点布局云计算中心,主要满足对网络时延相对较高的应用场景建设以及一般性数字经济发展需求,突出上海市在长三角区域的辐射作用。

第四圈层为算力枢纽节点间,重点紧跟"东数西算"工程建设节奏,主要针对后台服务数据、存储灾备数据等对网络时延要求不高的数据处理需求,通过远程传输与计算处理,实现算力资源的高效利用与配置优化。

2) 推动算力基础设施集约化建设

落后算力难以向更高效、更智能的算力形态转变,不具备向算网融合演进的可能性;同时,城市内部资源、能源的紧张与有限性进一步促使算力基础设施必须走向集约化、高效化的发展道路。

因此,推动算力基础设施集约化建设,首先是推动数据中心从传统的以数据存储为主、数据计算为辅的运行模式,向以算力为中心、数据存储与计算并重的新型模式转变。其次,加快淘汰老旧、小规模、低效率算力设施,腾出新建高性能算力设施的资源空间,促进算力基础设施整体算效的提升。最后,针对企业自用数据中心,按行业类别进行整合盘活,通过技术升级和改造,促进设施升级转型。

5.2.1.2 网络基础设施

网络基础设施升级策略是推动分层、分级的布局建设,构建一个高效、灵活、智能的网络架构,形成高速互联的传输通道,为多类型算力中心间的数据传输和各类业务需求的动态调度提供保障。

第一层级为云边端间。在该层级上,鼓励电信运营商提升端侧覆盖能力,进一步加大分纤点密度、提升光纤网络末梢覆盖和延伸能力,促进移动通信网络和固定通信网络新技术、新功能的验证和规模化部署;同时,鼓励电信运营商对自建的边端节点进行联通,云厂商及第三方边缘节点就近接入交换中心,促进资源高效整合。

第二层级为城域。在该层级上,持续完善网络节点建设布局,大幅提升光传输网络(optical transport network,OTN)节点数,加快全光城市建设;依托交换中心的国家试点优势和中立特性,提升数据中心接入交换中心的便利性,促进数据中心应接尽接;对于数据中心聚集区,优化网络架构、减少网络层级,尤其在中心城区及战略区域,实现金融交易、车联网等超低时延需求场景与电信运营商骨干网直连,鼓励设置专线专网,推动本地电信运营商进一步降低骨干网直连资费。

第三层级为枢纽节点内。在该层级上,强化枢纽节点内城市间的联系,加快构建跨省全光传输直达的确定性网络,按照地理区域、流量转发等因素合理增设骨干节点、丰富路由,提升承载效率和网络协同能力。

第四层级为枢纽节点间。在该层级上,加强与西部枢纽节点间的互联互通,鼓励电信运营商加快与西部枢纽间传输直达网络的部署和打通,提升网络时延、带宽能力,并给予本地电信运营商该方面的政策支持。

5.2.2 关注技术探索

依托科研创新、先进制造以及应用市场,以探索更高技术、获取更高算力为目标导向,积极跟踪并关注算网融合技术路线。算网融合的技术创新很大程度在于 IP 技术的创新,其难度大、周期长,需要充分考虑继承和后向兼容,在理论研究和设计理念方面率先突破;同时需要考虑技术发展的变革性和兼容性,建议自顶向下,以技术体系为牵引进行系统创新。算网融合关键技术涉及多要素、多学科的交叉,需要进一步探索设备、协议、调度、融合服务的实现程度和难点,以专业协同发展促进技术成熟加速。

在算力方面,城市数字化转型需要多样算力协同支撑,需推动通用、智能、超算等多样性算力发展,加强通用算力芯片及 GPU、FPGA 等异构算力芯片的研发生产,挖掘 DPU 在提升算力服务能力方面的价值,强化多样性算力与算力基础设施的软硬件适配,促进算力基础设施的数据运算能力和业务处理能力的提升;同时,加快启动算力原生、算力度量等前沿技术研发试验。

在网络方面,加快部署 400 G、IPv6、SRv6、SD-WAN 等相对成熟的技术。在直连网络的基础上,适时开展 800 G、算力路由、新一代 SD-WAN、广域高性能网络、在网计算等新技术试点工作和推广应用,提升网络传输保障能力。

在融合服务技术方面,建议由政府牵头,产业界联合,加快算网统一编排管理、算力并网、算网调度等关键融合管理技术的攻关突破;建议考虑算力和网络的均衡同步优化,建立、健全激励与奖励机制,提升各方主体参与的积极性。

在产学研方面,应放眼全球技术发展趋势,跟踪、关注新的颠覆性技术和算网融合演进技术路线的方向性变化,并及时对产业发展指引做出调整;鼓励形成产学研一体的生态合作机制,依托重点实验室建设,共建开源性和共性技术研发应用平台,着力解决现网部署突出问题,推动新技术攻关和试点应用;加快布局城市算网融合试验场,打造高通量、高质量的综合研发环境,重点强化金融服务、车联网、工业互联网等低时延、高可靠的算网融合技术支撑,力争形成穿透多项技术、拉通各类资源、集成多种算网融合方案的多个典型、复合式场景,促进关键技术和核心能力成熟。

5.3　推动供需双方对接

算网融合涉及主体繁多,需促进政府、电信运营商、云厂商及第三方服务商、行业客户同向发力,强化资源协同共享和运营机制协同创新,加快培育应用场景,提升场景机会开放程度,完善创新生态,推动行业市场高质量发展。

5.3.1 强化主体协同

一是促进产业链发育,进一步扩容已有专业委员会,或根据实际需求成立算网融合协会或者联盟等行业组织,促进各类主体交流合作,强化供需方对接,敦促及时发布、共享信息;同时,设立算网融合产业链链长单位,分类制定链主培育政策,引导支持链主企业成长与发展。此外,以战略区域为载体,建立算网融合产业集群高质量发展推进机制,推动产业链与供应链耦合发展;鼓励本地企业,尤其是重点产业领域企业在西部集群同步投资、联动项目。

二是推动平台建设,持续探索政府、国资主导的城市级、行业级、园区级公共算网融合相关平台建设,并通过政策引导或报酬激励促进供需方资源加入各级平台,降低算力基础设施重复建设和闲置的风险成本。面向市域内算网融合,重点解决各主体供需分配的问题,满足政策公平、服务质量、成本优化等综合目标。面向枢纽节点内的算网融合,重点解决城市周边及跨省互联堵点、调度、交易等问题,增强算网辐射影响力和算力输出能力。面向"东数西算"工程,重点解决远程跨区域传输、差异化结算机制等问题,并与全国统一运营调度平台对接。针对本地电信运营商的实际情况,鼓励本地电信运营商在集团公司算网融合平台的基础上,与交换中心对接,也同步参与由本地主导的算网融合服务供给。

三是加强算网融合建设运营机制创新,需兼顾城市内、算力枢纽节点区域、东西部城市算力供需特点的差异;鼓励各类主体积极参与算网融合的建设与运营,建议首先以政府引导、国资控股的方式统筹推动,远期可促进市场化改革、推动市场在资源配置中发挥决定性作用。

5.3.2 培育应用场景

优先培育应用场景可有效驱动算网融合的加速发展和落地。对于电信运营商、云厂商等供应方,激励其面向行业用户和"东数西算"工程需求,开发算网融合应用平台和解决方案。对于行业用户,进一步完善企业,尤其是中小企业上云用数赋智政策,降低用算成本和安全顾虑,鼓励行业用户根据算网融合服务形态、性能、区位变化优化升级业务体系架构,鼓励行业龙头企业牵头建设行业算力应用平台。

统筹城市重点特色产业领域应用平台建设,对特色鲜明、亮点突出、可复制、可推广的本地化应用场景开发给予政策和资金优惠(建议与特色产业园区联合设立专项基金),每年根据实际情况,支持一定数量的科技含量高、市场前景好、产业带动性强的协同创新应用示范项目和样板工程。建议优先从政务、国有可控算网资源入手,促进数字治理相关应用场景创新,引导算网融合加速落地。

5.4　完善配套服务体系

为确保算网融合发展顺利推进,需构建一套全面、高效的配套服务体系,不仅涵盖技术、市场、政策等多个维度,而且注重强化配套支持与规范发展的双重驱动,为算网融合提供坚实的支撑与保障。

5.4.1　促进规范发展

1) 制定标准规范体系

标准规范体系是算网融合良性、有序发展的重要保障。建议从技术接口、合规管理体系认证、数据共享规范、结算机制、激励机制、审查机制等方面,明确算力并网、算力交易、算网调度、算网管理、算网服务等标准规范。

在算力并网方面,建议对并网算力技术约束条件以及接口进行标准化和统一,推动零散数据中心的有效并入;同时扩大算力并网规模,形成标准化并网方案。在算力交易方面,主要定义产品定价规则、资费结算机制(重点在于跨省跨区域结算机制)、算力交易账本、产权界定机制、交易各方权利与义务边界等。在算网调度方面,需遵循《中华人民共和国安全法》等上位法,需要各类参与主体及产业链上下游共同开展标准研究和规则制定,应充分保障算力分配的便捷性、智能化和公平性。在算网管理方面,主要定义算力接入门槛、合作分成、业务订单管理、服务进度管理、服务运维等方面规则。在算网服务方面,主要定义稳定、统一的服务接口集和服务质量要求,确保行业用户等消费者不受供应端的技术范式绑架。

2）制定市场准入和监管制度

一是明确市场准入机制，明确电信运营商、云厂商、第三方服务商算网融合经营范畴。二是明确投资建设门槛，明确新建云计算、数据中心、智能计算中心、边缘计算中心等多类算力基础设施和网络基础设施的建设主体、投资规模标准和技术性能要求，尤其针对社会资本的引入，需要明确融资模式、营利模式等。三是对算网基础设施的技术性能，如网络端到端时延、带宽、数据中心上架率、先进计算存储容量等，建立监测体系，同时对融合服务质量进行监管。四是对算网融合应用进行备案和安全性评估，作为落地实施的前提条件。

3）制定评估政策体系

统一本地化算网融合发展路径，形成行业共识。分阶段、分步骤建立、健全包括质量、价值、技术、性能、市场、发展阶段等指标在内的算网融合综合评价体系，判断算网融合发展情况，避免单一指标带来的片面评价。

4）制定建设指引要求

根据数字经济以及算网融合发展阶段评估情况，动态制定如前沿培育类、重点建设类、提质激活类、转型改造类、淘汰退出类等算网融合发展目录清单，实施"一算一策""一网一策""一平台一策"的个性化措施。

基于国家统筹和本地城市国土空间规划，在现有要求的基础上，面向算网融合发展要求，进一步完善建设过程中的站址选择、空间开放、用电用水、用地支持、节能环保等政策指引要求。

5.4.2　强化配套支持

强化政策支持工具创新，进一步探索算力券、算力补贴、税收统筹等政策衔接机制。把握"东数西算"工程战略契机，依托算力超市、算法仓、算力农场等多元化载体，探索算网资源打包合作模式，为多元行业用户与优质重点项目提供更加便捷的算网融合服务，促进算力资源与行业需求高效对接。

5.5　本章小结

本章以基础设施、技术探索、主体协同、应用场景的进一步强化为核心，以规范发展和配套支持为保障,形成了发展策略框架。在供给能力提升方面,本章详细规划了算力与网络基础设施的分层布局和集约化建设策略,以确保资源的高效利用和优化配置。同时,本章强调了技术探索的重要性,包括算力、网络及融合服务技术的创新,以及产学研合作机制的建立。为推动供需双方对接,提出了强化主体协同、培育应用场景的具体措施,以促进算网融合生态的完善和市场的高质量发展。最后,本章通过制定标准规范、市场准入和监管制度、评估政策体系以及创新激励手段,构建了全面高效的配套服务体系,为算网融合发展的顺利推进提供了坚实保障。各省市相关部门可在各项规划和政策文件中强化算网融合发展阶段性目标,制定相应的建设任务,强化地区算网融合发展与"东数西算"工程、产业发展协同,推动算网资源价值充分释放。

第 6 章

云边端协同场景的算网融合部署方案验证

在数据量和计算需求呈爆炸性增长的背景下,传统的计算模式已难以满足复杂多变的场景需求,云边端协同正逐渐成为解决这一挑战的关键途径。云边端协同不仅能够有效缓解云端的计算压力,提高计算效率,还能通过引入边缘计算和终端计算,实现数据的实时处理与隐私保护。本章探讨云边端协同场景的算网融合部署方案,明确不同阶段的发展目标,形成协同调度方案和业务智能开通方案,通过实际案例验证其可行性和有效性,为云边端协同场景的进一步发展提供理论支持和实践指导。

6.1 部署阶段目标

随着物联网技术不断加速发展,以及移动通信设备数量激增带来数据洪流,物联网应用场景正逐渐展现出计算边缘化、连接泛在化、应用碎片化及终端智能化等趋势。面对这些变化,传统的计算模式,如云计算和边缘计算,已难以满足日益复杂多变的场景需求。因此,如 4.1.1 节所述,云边端协同场景成为近期算网融合的主要驱动场景之一。

云中央服务器集成了丰富的硬件资源,拥有强大的计算与存储能力,适合进行模型训练和资源高效调配。相比之下,边缘服务器虽然计算能力有限,但其能够协作,缓解云端的计算负荷,增加服务的多样性,适用于模型的快速更新和不同数据源的异构汇聚。终端设备则因其算力较小且贴近用户端,可以根据本地环境收集多样化的数据,有利于增强对行业数据隐私的保护,适合执行模型推理任务和提供个性化服务。如在 6G 网络架构下,物联网能够依据计算任务的实际需求,灵活选择最适宜的计算模式,并实现按需部署,以此确保制定出全局范围内最优的资源分配和任务调度策略,满足中心级、边缘级、现场级的多层次业务需求。

云边端协同场景部署的阶段性发展目标如下:

(1) 第一阶段是聚合样本资源的数据协同。在该阶段中,端侧终端设备负责采集本地数据,并将其传输至云侧进行数据处理、分析、特征提取以及训练推理等一系列计算任务,完成后云侧将计算结果返回。这一阶段中端、边、云三方的协同交互仅限于源数据层面。然而由于带宽限制、隐私泄露风险以及数据量庞大等,这种数据协同方式常遭遇分析难、处理难的挑战,因此正逐渐被模型协同和算力协同所取代。

(2) 第二阶段是部署智能服务的模型协同。在该阶段中,面向用户的人工智能服务灵活部署到端侧、边侧、云侧,以提供低时延、高精度、安全、可靠的优质体验。这一阶段的端、边、云三方间的协同交互主要面向模型参数层面,例如为保障数据隐私安全,可采用联邦学习技术,端侧上传模型参数或中间结果,边侧或云侧基于多源虚拟数据构建全局模型。为满足实时性需求,可运用模型压缩技术,由云侧或边侧训练好的大模型通过剪枝等方式获取对应的小模型,并部署在端侧设备上进行推理,缩短推理时间。为实现个性化需求,可采用迁移学习技术,由云侧或边侧训练通用模型,端侧基于本地实际场景的数据进行部分参数固定及微调,以贴合实际需求。模型协同因其高灵活性和卓越的服务质量,近年来在工业界与学术界受到广泛关注,并取得了显著成果,已成为主流的云边端协同方式。

(3) 第三阶段是优化资源调配的算力协同。在该阶段中,借助优化算法对端侧、边侧、云侧的算力资源进行精细分配与任务调度,促进资源的高效利用并削减计算成本。随着国家"东数西算"工程及电信运营商"算力网络"建设规划的提出,构建一个涵盖云边端的多层次、全方位分布式算力体系已成为新的研究焦点,云边端协同正逐步超越传统模式,向"以算力为核心"的发展方向迈进。对于目前算网融合的发展阶段(详见第 1 章),将云边端的算力资源进行连接与协同已经成为业界共识,但仍有一些共性的挑战需要应对:一是国内企业在终端侧更多地聚焦于智能设备的功能模组硬件升级、操作系统及一站式应用平台的构建,而对于端侧算力的有效利用、端侧协同机制及传输技术的研究则显得相对薄弱;二是缺乏对具体业务场景的针对性考量与全面覆盖,特别是在云边端三层级的通信、计算与存储资源的跨域联合协同方面存在明显不足;三是多级分布式协同还需妥善应对服务需求的多样性、信息的部分可观测性、接入网环境的复杂性以及资源状态的动态变化等挑战。因此,协同调度方案和业务智能开通方案成为关键。

6.2 协同调度方案

在构建高效灵活的云边端协同场景时,协同调度方案显得尤为重要。通过云边端协同调度、预部署协同调度、业务感知协同调度进一步优化整合云边端三层级算力资源,实现任务的智能分配和高效执行。

6.2.1 云边端协同调度

云边端协同调度根据任务的不同需求和特点,通过云边协同、端云协同、端边协同、云边端协同多种方式分配算力资源,实现资源的灵活利用和任务的高效执行。

6.2.1.1 云边协同

云侧人工智能处理器主要关注精度、处理能力、内存容量和带宽性能。边缘设备中的人工智能处理器则主要关注功耗、响应时间、体积、成本和隐私安全等问题。目前,云侧和边缘设备在各种人工智能应用中往往是协同工作的,最常见的方式是在云侧训练神经网络,然后在云侧(由边缘设备采集的数据)或者边缘设备上进行推理。

相较于在云侧部署深度学习模型所面临的性能与能耗挑战,融合边缘计算技术成为更优选择。其充分利用了从云侧下沉到网络边缘的计算资源,使得具有适度计算能力的边缘设备能够实现低时延、低能耗的深度学习模型推理。边缘侧的负载整合为人工智能在边缘计算中的应用开辟了新方式,虚拟化技术将分散在不同设备上的负载整合至统一的高性能计算平台,既保持了各个子系统的独立性,也促进了计算、存储、网络等资源的高效共享。

经过负载整合的边缘侧节点既是数据的汇聚点,也是控制中心。人工智能可以在节点处采集分析数据,也能在节点处提取数据,做出决策。网络优化技术对于将人工智能应用于边缘侧至关重要,可通过降低比特率、模型剪枝及参数量化等手段实现网络优化。

云侧与边缘侧相互配合、优势互补。边缘设备可以在边缘处收集、存储、处理和分析数据,但对于一些复杂的工业工作负载,需要配备实时处理加速器或具备实时处理能力的处理器,以确保实现即时决策处理。

6.2.1.2　端云协同

在端云协同中,终端侧和云侧协作完成任务。由于终端的计算能力有限,仅能承担部分计算任务,而云侧需要承担的不仅有计算任务,还包括任务的协同和调度。因此,端云协同主要面向时延不敏感业务,并且通常涉及大规模的终端,如泛在物联智能业务、智能家居业务、用户算力共享业务等。

(1)泛在物联智能业务。以公共摄像头的安防应用为例,首先终端侧会对摄像头捕捉到的视频内容进行初步数据处理,如识别和提取关键视频段落,减少上传到云侧的数据。随后,云侧对视频内容进行深入分析,进一步提取出关键信息。

(2)智能家居业务。由于用户家庭域信息的私密性,汇聚家庭网络域内算力信息的家庭网关可以视为用户终端设备。智能家居服务提供商将家居需求数据、服务定制及升级等功能部署于云侧,实现云端协同。

(3)用户算力共享业务是指用户开放个人终端的计算、存储和宽带等算力资源,供其他用户或机构使用,以实现特定目标,如获取经济收益、他人的共享资源等。

以往端云协同的主要场景是终端侧算力卸载,即终端将各类高算力需求任务卸载到云侧执行,从而降低工作负载,完成原本单靠终端无法完成的算力任务。随着泛在物联智能业务、智能家居业务等兴起,将海量智能终端的处理任务卸载到云侧会消耗大量网络资源。这一状况推动终端侧算力持续提升,也推动终端侧算力共享成为重要的网络应用任务卸载方案,如计算任务协作、多媒体内容协作、缓存协作传输等。泛在算力体系架构能够面向泛在终端提供算力注册功能,并基于对终端算力的准确感知,对算力任务进行准确分解和调度,在保障算力任务服务质量需求的前提下,更合理地利用泛在计算体系中各类节点(尤其是末梢节点)的算力资源,降低协作任务的带宽开销。

6.2.1.3 端边协同

在端边协同中,用户会将计算任务同时分配给终端和边缘云来协作完成,无须云侧参与。终端本身具备一定基础算力,能够承担部分任务,但其算力资源受限,或在特定情境下需依赖上层应用进行任务调度,因此边缘计算节点可加入协作,分担部分终端任务。相比于云侧,边缘云节点更靠近用户,但算力资源较为有限,因此端边协同最常见的场景是处理时延敏感、但算力资源需求不太大的业务。此外,边缘计算节点也适用于处理隐私敏感业务和数据,确保关键数据不出园区,也能加快任务响应,如在工业互联网应用中,位于企业园区的边缘云可以是企业私有云,通过端边协同,将需要隐私保护的数据放在私有云上进行处理,从而有效保障用户隐私和数据安全。

典型的端边协同应用即智能工厂,其核心在于工厂基础设施智能化。工厂生产设备既需要稳定的网络支持,又需要内置的智能计算能力以应对专门生产任务环节。为实现生产线功能的协调,工厂内部需要设立任务编排与调度的管控单元来实现生产任务调度。边缘服务器可以作为该管控单元的物理实体。智能工厂中的设备可以通过空中接口接入电信运营商的5G网络,借助算力任务调度,确保工厂业务流都在工业园区的边缘云(工厂或园区私有)内终结,实现数据不出园区。当工厂异地扩建或迁移时,只要通知电信运营商将相同的服务复制/迁移到新地址,就可实现快速部署,省去了工厂自行部署与维护网络设备的麻烦。

当前,智能工厂中生产设施的信息化和智能化多依赖于工厂自建、自行维护的网络与计算设施,这导致工厂需投入大量预算与精力维持信息基础设施稳定运行,且在产能扩与缩、业务调整时,还需耗费大量时间调试信息基础设施,难以集中精力于核心业务。算网融合能够充分整合计算、通信等领域的基础设施资源和运维能力,向企业提供高性能、稳定的算力服务;并且在企业需要调整算力需求时,基于泛在基础设施,能够快速部署和重建企业所需的算力资源,助力企业更专注于自身生产业务。

6.2.1.4　云边端协同

在云边端协同中,计算任务同时分配给终端、边缘云和云侧协作完成。终端本身自带一定算力,能够自主处理部分任务,同时边缘计算节点和云侧可以参与协作,根据实际需求卸载部分任务。边缘云节点从地理位置上更接近用户,因此在处理时延敏感任务和隐私敏感业务时更具优势,但是其算力资源有限,对于算力需求庞大且时延要求不高的任务,可转由云侧处理。云边端协同能够保证各类算力资源得到更充分的利用,但同时也对资源的管理与调度提出了更高要求。典型的协同应用场景包括多人增强现实游戏、云制造等。

以多人增强现实游戏为例,在游戏中,游戏玩家的个人终端负责采集与处理用户环境及状态数据,边缘云承担物理运算与游戏场景渲染,云侧负责场景素材的分发以及区域或全球玩家数据的综合处理等。相比于云游戏主要通过云计算和边缘计算解除玩家体验高质量主机游戏的硬件限制、始终轻量化的方式,多人增强现实游戏场景在云游戏的基础上,还要求用户终端有更强大的计算能力来支持实时的环境感知和环境计算能力。此外,当多个增强现实游戏玩家在现实世界的同一地点进入共享游戏场景时,这种空间重叠特性为物理计算与基础场景渲染任务的分布式协同处理创造了有利条件。

以图 6-1 中多人增强现实游戏为例,当前的游戏应用要求用户终端执行全部功能,但部分计算任务,例如基础场景的 3D 渲染,可以通过其他游戏玩家的终端协作完成(图 6-1 中绿色部分);部分实时性不高的任务,如即时通信和文件传输,可以交给边缘云(图 6-1 中黄色部分)或者云侧(图 6-1 中红色部分)来执行;而实时性较高的子任务,如物理环境的即时演算和基础场景 3D 渲染(图 6-1 中蓝色部分),可交由终端直接处理。

在算网融合条件下,利用算力网络注册用户的终端算力资源,当增强现实游戏用户进行游戏时,算力网络能够根据用户所处环境,自动组建协作组、分配协作任务,并推动高算力需求任务上云。同时根据时延要求,系统会将相应

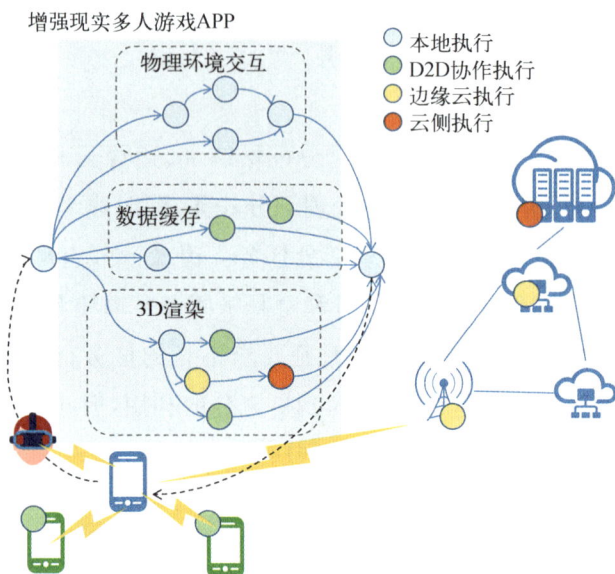

图 6-1　以增强现实多人游戏为例的云边端协同场景

任务调度至离用户现场最近的边缘云或云,从而为对算力有高需求的增强现实游戏用户提供灵活、高效的算力支持,进一步突破硬件性能对增强现实游戏的限制。

6.2.2　预部署协同调度

预部署协同调度方式是将算网业务订单进行业务需求分解,结合纳管的算网资源信息和当前状态,依据业务策略来编排、调度和配置算网业务实例中的所有计算与网络资源,确保在业务开通前完成资源的有效调度。目前大部分算力调度都采用这种预部署协同调度方式。

以中国移动的"东视西渲"服务为例,如图 6-2 所示,该服务利用算网的动态寻优能力,在全国范围内搜寻低价且高效的算力和网络资源。它能够将东部热点省份的电影、电视等视频数据自动传输至最合适的地点进行渲染处理,之后再将处理结果回传。整个流程全自动化,无须用户手动干预,有效解决了用户在影视动画和效果图制作过程中遇到的本地算力短缺、渲染耗时长以及硬件采购成本高昂等问题。

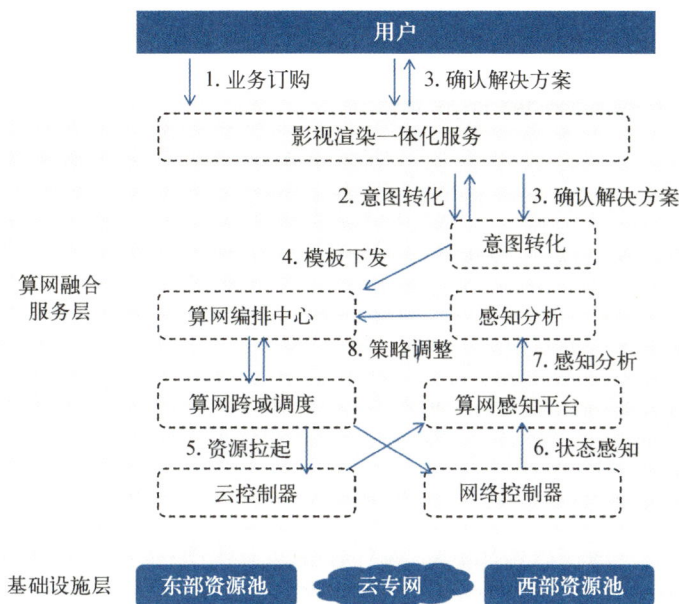

图 6-2　影视渲染任务式服务("东视西渲"流程)

6.2.3　业务感知协同调度

随着 5G 网络进入成熟期,边缘计算在各行各业中得到了广泛应用。目前,电信运营商已向用户提供边缘云业务,越来越多的用户将业务部署在边缘云上,利用 5G 专网低时延的优势将用户业务分流到边缘节点。同时,随着终端性能逐渐增强,终端侧业务场景日益丰富,如高通提出的端侧人工智能业务场景以及智慧座舱业务的快速发展,都对终端性能提出了更高要求。然而,终端性能的提升往往伴随着较高的成本投入,因此业界提出了混合人工智能——端边协同处理人工智能业务等技术方案,以应对端、边、云算力资源共享日益增长的需求。为此,各算网融合参与主体在目前阶段应积极考虑如何有效感知云边端算力,并便捷地开通云边端算力协同业务,以促进算网融合产品业务发展。

业务感知协同调度是在边缘网络中增设端边算力感知系统,自动检测终端性能,动态触发端、边、云协同工作,以满足端侧业务的实际需求。通过网络侧实时监测终端的算力资源状态,当监测到终端算力不足时,便立即提供边或云算力协同终端运行业务的服务,终端可根据需求选择相应资源,满足自身业务需求。

6.3 业务智能开通方案

传统的云网业务开通流程复杂且烦琐,涉及多个需要人工介入的环节,导致效率低下且易出错,主要包括以下方面。

(1)云、网、安等算网能力融合度不足。

(2)整体开通方案因涵盖终端、网络、算力、应用等多个专业领域,面临标准缺失、知识门槛高、线下沟通成本高、耗时长及系统协同效率低等挑战。

(3)产品规格不灵活,难以快速响应客户突发需求,客户经理需在运营服务门户手动处理多样化的产品组合需求,效率低下且易出错。

(4)产品开通参数相互依赖,流程存在先后顺序,多个业务分散开通需人工协调,易导致流程卡顿。

(5)目前算网的自服务能力不完善,性能指标及组网拓扑不可视,增加了网络故障定位难度。

(6)资源优化、故障切换等服务请求依赖工单人工驱动,未形成标准化线上动作。

(7)算网自动化、智能化水平无法为客户提供灵活、动态、多样的业务服务及智能闭环保障能力。

针对以上传统业务开通流程痛点,业务智能开通应运而生。因此,算网融合服务层需要构建一个智能运营平台(见4.1.2节),以便实现算网融合业务的开通、变更及停闭等操作。平台全面收集用户对算力资源、网络资源以及安全产品的综合需求,在业务需求订单下发后,根据设计编排好的业务流程,灵活调用各要素的原子能力,从而高效实现业务的受理与开通,不仅为用户提供自助服务平台,展示已开通用算力网产品的基本信息、性能指标及故障报警,而且支持用户自主调整业务配置。

6.3.1 业务智能开通实现途径

如图6-3所示,运营平台与对外门户、能力网关相互配合,共同实现业务智能开通流程。业务智能开通流程主要包含订单解析、模板加载、流程实例化、任务分解等核心环节。

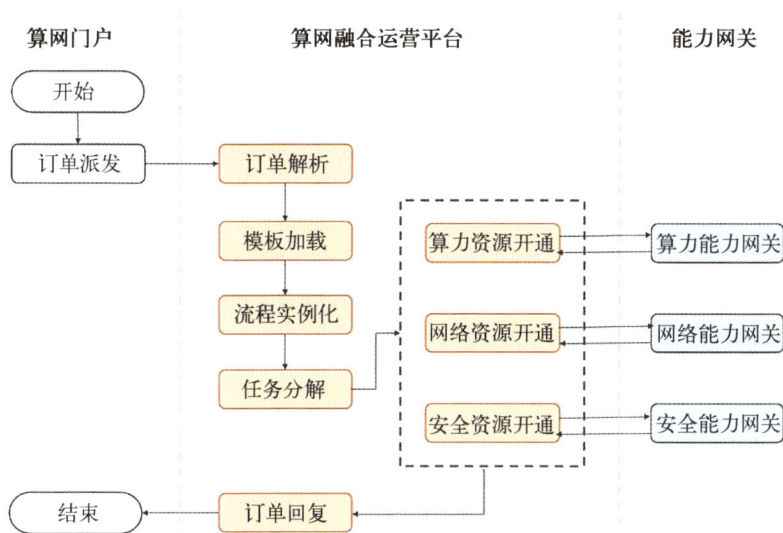

图 6-3　业务智能开通流程示意图

1) 订单解析

运营平台接收到算网门户派发的订单后,会进行一系列的解析工作,如提取订单中的参数,检查参数是否正确,检查参数的合法性等,确保订单能够被正确执行。解析完成后,运营平台会与编排管理平台对接,根据感知算力、网络、安全性等各种资源状况进行相应的资源分配,以确保订单能够在预定的时间内顺利完成。

2) 模板加载

运营平台加载预先设计好的算网意图能力模板,并进行解析和校验,通过定义校验规则,校验业务模板的格式、大小、设计内容等是否符合规范要求。

3) 流程实例化

流程实例化是将抽象的流程模板转化为具体可执行的业务流程实例的过程。这个过程主要包括以下步骤。

(1) 配置流程参数:在流程实例化之前,需要对审批流程中的关键参数进行配置,如审批人、审批条件、抄送人等,以确保业务流程能够顺利启动和执行。

（2）发布流程实例：完成相关参数配置后，业务流程实例会被发布到平台上，供用户实际使用。在发布之前，需要进行测试和验证，以确保流程的正确性和稳定性。

（3）执行流程实例：业务流程实例一经发布便可被用户执行。用户可以根据自己的业务需求和流程规则，手动或自动启动和执行流程实例。手动执行是用户手动触发流程，自动执行是通过设置条件和规则，系统自动启动和执行流程。

（4）监控流程实例：在执行业务流程实例的过程中，运营平台会实时监控流程实例的运行情况，包括对流程的进度、状态、异常情况等进行监控和处理，及时发现和解决问题，以确保流程顺利执行。

4）任务分解

对于复杂的融合式订单，运营平台会将其拆分成多个小的任务或业务单元。任务拆分过程如下。

（1）任务拆分：根据客户的融合算力、网络、安全需求，将任务拆分成多个独立子任务，每个子任务都可以单独处理和执行。

（2）任务编排：拆分后的子任务会按照一定的逻辑顺序进行编排，确定任务的执行顺序和依赖关系。运营平台提供的图形化界面可以方便地将这些资源组合成一个可执行的流程。

（3）工作分配：拆分后的资源会被分配给相应的算力、网络和安全能力网关进行分析和处理，以确定最优的工作分配方式，确保任务高效完成。

（4）监控管理：在整个拆分和执行过程中，运营平台支持可视化监控和管理，能够及时发现和解决问题，并提供实时监控和日志记录功能，以确保任务顺利进行。

6.3.2　动态优化调整实现方式

如图 6-4 所示，基于对业务性能指标的监测，平台会进行业务动态优化调整，生成异常事件，并根据预设策略对这些异常事件进行处理。业务动态优化调整流程主要包含异常监控、策略匹配、异常自处理等核心环节。

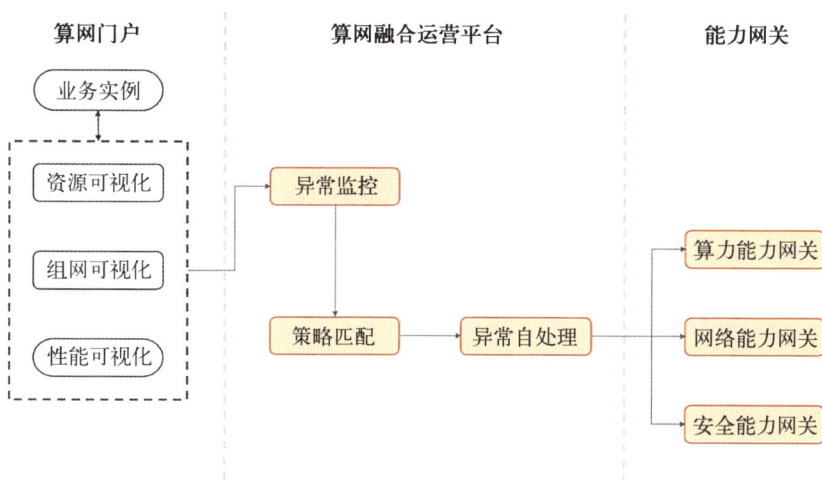

图 6‑4　业务动态优化调整流程

1）异常监控

算网门户通过构建客户自服务模型，实时监控业务运行数据及性能指标，对已订购的算网融合产品进行全生命周期管理。用户可根据业务实际运行状况，手动设定算力、网络、安全产品的调度策略，一旦产品指标触及策略阈值，运营平台就会启动动态编排调度机制，在避免资源浪费的同时最大限度地保障业务稳定运行。

2）策略匹配

异常自处理机制主要基于智能调度策略，为客户提供随时随地的算网服务按需扩缩容能力。调度策略包含以下两种主要类型：

（1）动态伸缩：用于应对突发性流量的服务应用，能够根据算力侧（如CPU 利用率、GPU 利用率等指标），网络侧（如流量指标），安全侧（如调用次数指标）等方面的实时运行指标阈值，灵活调整算力资源。

（2）定时伸缩：适用于流量周期性变化的服务应用，通过预设的时间周期来自动调整算力资源。

3）异常自处理

异常自处理机制能够自动匹配并执行相应的策略，在客户已使用的算力、网络或安全资源发生故障时，迅速实现算力调度和资源自动切换，以确保业务持续、稳定地运行,主要涵盖以下关键要素。

(1)适用对象:明确界定策略所适用的算力、网络和安全域范围。

(2)智能调度:在资源池出现异常,无法感知或能力不足以满足服务需求时,能够自动切换至其他资源池进行服务的部署和恢复。

(3)触发条件:通过配置多种告警策略来设定异常切换的触发条件。

6.4 部署方案验证——以车联网为例

6.4.1 项目概述

智能网联汽车已成为全球汽车产业发展的核心战略方向。其不仅是"制造强国、质量强国、航天强国、交通强国、网络强国、数字中国"战略的交会点,更成了全球科技界与产业界竞相追逐的新竞技场。对上海而言,加速智能网联汽车的发展,构建产业融合发展新生态,既是城市发展的内在需求,也是中央赋予的重大使命。在此背景下,上海浦东新区依托汽车产业优势,正致力于打造产业高地,并加速推进高级别自动驾驶引领区的建设。

作为浦东新区六大硬核产业之一的"未来车"(即智能网联汽车),在区域政策的引导与产业推动下,已构建起完备的汽车产业链,拥有强大的研发实力和浓郁的创新氛围,并汇聚了众多高科技人才。浦东新区已形成涵盖整车制造、关键零部件研发、芯片、通信、软件、大数据等多个领域的产业集群。

浦东新区金桥区域立足产业特色,致力于优化智能网联汽车营商环境,旨在打造一个与引领区特色相契合的智能网联汽车产业生态集聚区。按照"1+4+X"的理念,该集聚区以云底座为基础,构建创新应用车辆监管、车路协同数据服务、大数据公共服务和示范区运营管理四大功能模块,以支撑 X 种应用的产业公共服务云环境。这一开放性强、专业度高、数据量丰富的数字服务环境,将为智能网联汽车产业注入新动力,加速产业服务与商业应用落地,推动产业政策完善与行业标准设立,进而打造产业、应用、政策、标准"四大高地"。

为助力金桥区域发展,打造智能车联网产业发展新高地,浦东新区金桥智能网联示范区云底座建设项目实现重点区域交通设施车联网功能改造和核心系统能力提升,带动全路网规模部署。同时,结合产业基础和复杂道路交通特征,大力推进道路智能化建设,构建丰富、实用的车联网应用场景,加速智能网联汽车产业生态建设。本车联网建设项目的总体部署目标包含以下四点。

(1)提升城市道路安全管控、通行效率、应急指挥等运营监管水平。通过路侧的全息感知能力,实现道路交通元素实时数字化,实现基于车路协同的信息交互,配合领先的人工智能算法,提升城市道路智能网联计算能力,从交通安全、通行效率、辅助驾驶、用户体验等方面提升城市道路管理服务水平。

(2)推动自动驾驶、车路协同的城市应用示范。通过对城市道路的智能化改造,引入人工智能、边缘计算、5G 等技术,使城市道路可以提供自动驾驶和车路协同服务,加速智能网联汽车产业落地及产品应用,促进上海市智能交通相关产业的聚集发展。

(3)打造车路协同云控平台。以 C - V2X 技术为核心,建设运营管理平台、交通数字孪生与可视化展示系统、全息路口、设备管理平台四个系统,打造具备出行服务、智慧车辆管控、智慧设备管理、信息发布、协同感知、数据融合、协同决策以及持续演进能力的云控平台,为公众、企业和政府提供各项便捷、高效的服务。

(4)实现智能网联汽车产业资源落户。通过引入车路协同、C - V2X、云平台、人工智能、5G、边缘计算等新兴技术,进行不同级别智能化及网联化改造,服务主机厂、互联网造车新势力进行的试验测试,实现智能网联汽车产业资源落户,推动高端创新资源和数字经济产业集聚发展。

6.4.2　部署方案

本车联网项目的部署架构由车—路—云—应用四层组成,如图 6 - 5 所示,各层通过通信网络相互连接,并与政府公共平台实现外部连通。

车端主要负责数据采集工作,包括采集车端监管所需的车辆信息和车辆状态信息等,车端同时也作为网联应用的终端使用。

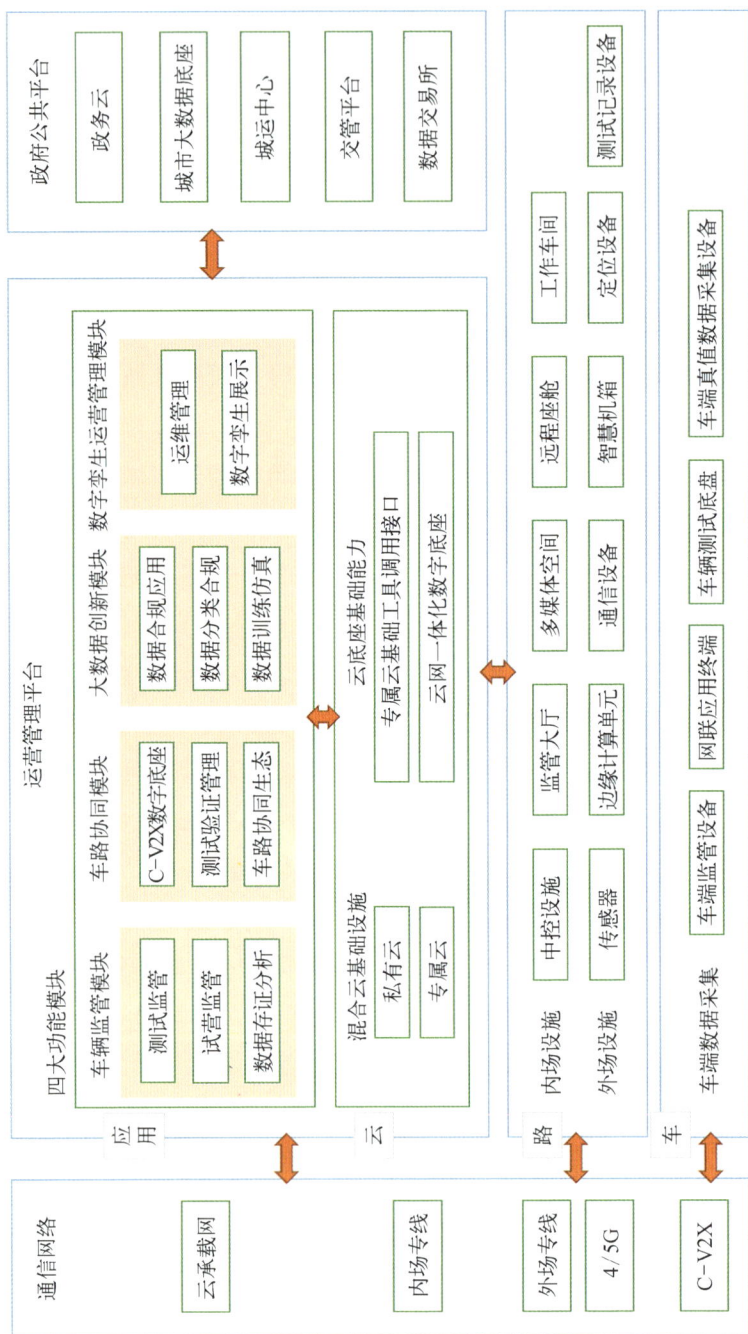

图6-5 车—路—云—应用四层部署架构

路和场由内场与外场(路侧)两大部分构成。内场主要配备了监管大厅、远程座舱等基础设施;外场配备了摄像机及雷达等传感器、边缘计算单元以及路侧单元(road side unit, RSU)等关键设备。这两部分通过无线、有线等多种方式实现互联,构建起一个提供超低时延、超高可靠性、超大带宽通信服务和边缘计算能力的网络。路侧安装了智能感知设备,利用摄像头、激光雷达实时监测交通参与者。这些数据在边缘计算单元中得到高效处理与融合,为车路协同系统提供实时动态信息,使车辆获得超视距感知能力,从而实现更高级别的智能驾驶。边缘计算单元支持对道路障碍物及交通参与者的位置、朝向、类别、速度、加速度和轨迹进行识别;能够识别道路车道线、道路边界、可行驶区域、交通标志牌、路面标志等信息;还能检测修路、拥堵和事故等事件,并识别特殊车辆。系统根据检测结果生成车辆位置、速度、加速度和事件位置等信息的结构化数据,同时根据识别结果形成车道级区域信息。此外,系统还能记录通行车辆的类型和时间,并根据需求输出统计报表。它还能对多个连续路侧设备的结构化处理结果进行数据融合,形成统一的感知结构化数据。

云数算力层包括混合云基础设施和云底座基础能力两部分。混合云基础设施提供车联网所需的中心算力支持,云底座基础能力提供车联网服务所需的基础数据和多样化的服务能力。

运营管理平台为支撑车联网应用的软件平台,包括四大功能模块:车辆监管模块、车路协同模块、大数据创新模块以及数字孪生运营管理模块。具体而言,车辆监管模块负责车辆信息上传、车载视频上传、测试车辆轨迹管理及图示化展示、数据存储与监控数据统计分析,以及系统管理;车路协同模块提供 C-V2X 服务和场景配置界面、车端交通标牌提醒、交叉路口红绿灯预警、信息展示界面及系统管理功能;大数据创新模块涵盖数据管理基座、交通数据集管理、车辆测试数据集管理、通信网络数据集管理、场景复现数据集管理及系统管理;数字孪生运营管理模块专注于数字孪生的展示与管理、场景精细化数据记录、数据标注、数字孪生底座以及系统管理。

6.4.3　测试与验证

本车联网项目在金桥集聚区试点路线进行部署及测试,以系统性验证云边端协同技术在车联网领域的实际应用效果,达成车路协同的目标,为驾驶员提供丰富的辅助信息,包括红绿灯状态、超视距路况信息、指示牌提示等;同时提供一系列驾驶辅助协作感知信息,如碰撞预警、速度优化建议以及路径引导服务等。

1）红绿灯信息推送场景

通过在试点道路上部署可移动信号灯,模拟红绿灯路口的信息推送场景。当测试车辆驶近这些模拟的信号灯路口时,红绿灯的相关数据会由信号机发送至移动边缘计算(mobile edge computing,MEC)设备。随后,这些信息通过RSU与车载单元(on - board unit,OBU)之间的通信进行传输。在测试时,信息会经由OBU传递至车载信息屏幕,为驾驶员提供实时指导;对于自动驾驶车辆,这些信息则直接整合至车辆系统中,通过与车机结合,实现路侧信息与车辆自有信息的有效融合与应用。

测试参与要素如下。

（1）云侧:车辆监管模块、车辆协同模块、数字孪生运营管理模块。

（2）边侧:RSU、感知计算单元、信号机、信号灯。

（3）端侧:OBU、显示屏。

如图6-6所示,车载显示屏上展示出了APP视角的数字孪生地图,与驾驶员实际视角对比可以看出,数字孪生地图更加直观、清晰,可视范围也更广。同时,通过云平台,交通灯的信息能够实时反馈至车辆端,实现了对多个路口交通灯变化情况的实时监控。

驾驶员视角　　　　　　　　　　　　　　　APP视角

图6-6　红绿灯信息推送场景验证效果示意图

2）弱势交通参与者碰撞预警场景

在试点道路模拟事故多发地段场景,安装激光雷达等行人检测设备,将检测到的行人信息发送给即将通过该路段的车辆,提醒车辆注意行人,保障行人和车辆的安全。

测试参与要素如下。

（1）云侧：车辆监管模块、车辆协同模块、数字孪生运营管理模块。

（2）边侧：雷达、摄像机、RSU、MEC。

（3）端侧：OBU、显示屏。

如图 6-7 所示,雷达与摄像机协同工作,负责检测行人的动态,随后将采集到的信息发送至 MEC 系统进行高效处理。一旦安装有 OBU 的车辆接近相关路段,该信息即通过 RSU 以语音提示的形式直接传递给驾驶员。同时,结合云平台上的数字孪生运营管理模块,在显示屏上提供直观的图像提示,进一步增强安全预警效果。

驾驶员视角　　　　　　　　　　　　APP视角

图 6-7　弱势交通参与者碰撞预警场景验证效果示意图

3）超视距场景

在超视距场景中,如前方视线受阻于建筑物或交通弯道,超出目视范围,则无论是普通车辆还是自动驾驶车辆,行驶都面临较大挑战。此时,路侧设备可发挥关键作用,可利用摄像头、雷达等多种传感器,实时采集弯道另一侧的交通信息。这些交通信息不仅可用于生成当前的交通状况报告,还可通过云平台上的车辆监管模块进行综合分析和协同决策,进而形成具体的车辆行驶建议,随后被广播至车辆,帮助驾驶员或自动驾驶系统更准确地理解弯道处的交通情况,提前做出行驶决策,减少交通事故发生的概率。

测试参与要素如下。

(1)云侧:车辆监管模块、车辆协同模块、大数据创新模块、数字孪生运营管理模块。

(2)边侧:激光雷达、摄像机、RSU、MEC。

(3)端侧:OBU、显示屏。

如图6-8所示,通过前方路侧感知设备,采集到超视距范围的交通事故,通过语音及显示屏图像,提前提示驾驶员注意避让。

驾驶员视角　　　　　　　　　　　　　APP视角

图6-8　超视距场景信息推送验证效果示意图

本车联网项目的测试结果不仅充分验证了多级算网融合架构在车联网领域的应用潜力,而且为云边端场景下的算网融合部署提供了有力支持。多级算网融合架构涵盖广域计算、区域计算和路侧计算三个层级。广域计算层利用中心算力,主要承担交通事件的信息服务、交通控制及诱导,以及区域间的信息协同任务。区域计算层依托边缘算力,专注于区域内预警及提示信息的发布、定位及地图服务,以及为自动驾驶提供必要的信息支持。路侧计算层负责管理交通控制与诱导设施、交通感知设备以及路面环境状态监测设施,确保这些设施有效运行。

6.5　本章小结

云边端协同场景的算网融合部署可分为数据协同、模型协同、算力协同三个阶段,逐步推动算网融合向更深层次发展。目前云边端协同场景普遍处于算力协同的初级阶段,协同调度和业务智能开通是目前部署方案的关键。协同调度方案可分为云边端协同调度、预部署协同调度和业务感知协同调度三种方式。云边端协同调度通过不同层级的算力资源优化分配,实现了资源的高效利用;预部署协同调度通过业务需求分解和资源状态感知,确保了业务开通前的资源有效调度;业务感知协同调度通过增设端边算力感知系统,实现了终端性能的实时监测和算力资源的动态调度。通过构建智能运营平台,可实现算网融合业务的自动化开通、变更及停闭等功能,并通过实时监控和动态调整策略,确保业务持续、稳定运行。

以车联网为例,通过红绿灯信息推送、弱势交通参与者碰撞预警和超视距场景等实际测试,充分验证了多级算网融合架构在车联网领域的应用潜力和优势,为云边端场景下的算网融合部署提供了有力支持,也为未来智能网联汽车和智能交通系统的发展提供了有益参考。

第 7 章　算网融合的低碳发展趋势

随着 ChatGPT 的横空出世,全球人工智能领域迎来了以大模型为核心的智能计算时代。根据 IDC 与浪潮信息共同发布的《2023—2024 年中国人工智能计算力发展评估报告》,中国的智能算力在 2023 年已达到 414.1EFLOPS,同比激增 59.3%,显示出强劲的增长势头。展望 2027 年,这一数字预计将攀升至 1 117.4EFLOPS,2022—2027 年间复合年均增长率预计为 33.9%,预示着智能算力即将成为算力的主导力量。这一趋势不仅引领了智能计算中心的建设热潮,而且对其资源部署的敏捷性提出了更高要求。

在这样的背景下,"东数西算"工程找到了理想的应用角度——智能计算中心。通用算力主要用于计算复杂度适中的云计算、边缘计算类场景,通常这些场景对实时性有一定要求,不适合完全将本地数据搬到异地计算;超级计算主要用于科学计算与工程计算等领域,且不同超级计算机的处理器、加速卡、框架等各不相同,商业化服务门槛高。相比之下,智能计算中心特别适合承载那些对算力有高强度需求但不强调实时性的任务,如后台加工、离线分析和数据存储备份等。这些业务的特点决定了它们能充分利用"东数西算"工程的优势,通过在东西部之间优化算力分布,实现成本的有效控制和效率的最大化提升。因此,智能计算中心在"东数西算"工程中扮演着关键角色,通过算力统筹和智能调度在全国范围内动态匹配计算、存储和网络资源,确保资源的高效利用,进而支持不断增长的智能计算需求。这不仅是技术层面的应对之策,更是城市乃至国家层面推动数字经济与绿色可持续发展的战略性布局。

7.1　数据中心系统能耗现状及问题

相关研究表明,数据中心系统能耗中约有三分之一源自暖通空调系统,这一比例仅次于 IT 设备的能耗贡献。中国信息通信研究院测算,截至 2023 年底,中国已投入使用的 810 万个数据中心标准机架总耗电量高达 1 500 亿度,约占全国总用电量的 1.6%,数据中心碳排放量达到 0.84 亿吨。在智能计算中心运营的早期阶段,机柜负载率较低,空调系统的能耗问题尤为显著。因此,对暖通系统进行节能改造不仅能够有效减少自身的能源消耗,提升数据中心的空调系统运行效率,而且能显著降低数据中心的电能使用效率(power usage effectiveness,PUE),确保数据中心的运行稳定性和可靠性。

当前正处于主流算力从通用算力向智能算力转变的技术转型期,在同一数据中心内通用算力与智能算力应用环境并存。传统通用服务器的单机柜功率密度通常不会超过 15 千瓦,采用风冷型冷却设备即可满足散热要求。智能算力中心的单机柜功率密度普遍超过 30 千瓦,这种高负荷场景则更倾向于采用液冷技术进行高效散热。面对未来多样化、复杂化的业务场景,风液融合冷却方案成为数据中心建设的优选策略。通过灵活调整风冷与液冷的配比,能够更好地适应业务波动,保障用户在算力基础设施投资中的长期价值得以实现。

目前,国内数据中心广泛实施的节能策略,如有效利用自然冷源、精细调控冷却系统、提升电力供应效率等,已展现出一定的能效提升效果。数据显示,2023 年我国数据中心的平均 PUE 降至 1.48,相较于上一年度的 1.54,实现了能效水平的进一步优化。然而,在推进数据中心节能减排的过程中,除了新建数据中心符合最新能效标准外,大量现有的数据中心 PUE 仍然高于由国家发展改革委等多部门联合发布的《数据中心绿色低碳发展专项行动计划》所设定的目标,亟需进行节能升级。

7.2　数据中心规划设计与标准

智能计算中心暖通系统架构不同于传统的工业厂房和办公商务暖通系

统,其规划布局紧密围绕机房的特定需求。

机架可分为两种类型:高密机架与普通密度机架,以满足不同业务场景的效能需求。高密机架专为处理如智能算力训练等高强度运算任务而设计,每个机架的功率通常在 40 千瓦以上,因此液冷技术成为首选解决方案,可确保高效的散热性能。此外,即使有高密机架单机架功率低于 40 千瓦但高于 15 千瓦的情况,也推荐采用液冷技术以保证系统的整体效率。相比之下,普通密度机架服务于如推理、网络和存储等相对低强度的业务,每个机架的功率范围为 7~10 千瓦,风冷机柜因其经济性和维护便捷性而广泛应用在普通密度机架场景中。

未来智能计算中心的建设主要关注低碳高效、优先挖潜、灵活柔性、保障安全等方面,需从冷源系统、末端系统和气流组织等多个方面进行考量,解决高密机架的电源和散热的问题,同步改善能效,降低运行 PUE,提升供电制冷能力,节能降耗。

7.2.1 冷源系统

基于机架密度的差异,智能计算中心可细化为高密机房与普通密度机房。高密机房不仅集中部署高密机架,还会根据实际需求配置一定数量的普通密度机架。普通密度机房则以部署普通密度机架为主。在设计阶段,针对不同业务密度的需求,需对冷源系统做出相应且适宜的选择,以实现最佳的能源效率和成本效益。

数据中心冷源系统目前涵盖多种冷却技术,包括集中式冷冻水系统、氟泵空调系统、磁悬浮相变空调系统、间接蒸发冷却空调系统、冷板式液冷系统以及浸没式液冷系统等。对这些系统的选用高度依赖于数据中心的具体需求,如规模大小、地理位置的气候特征、对能源成本的考量,以及对 PUE 的严格要求等。每种冷却系统在特定的应用场景中都能发挥最佳效能,确保数据中心高效运行与可持续发展。

(1)集中式冷冻水系统:在该系统中,冷源设备主要包括冷水机组、板式换热器、冷冻水泵、冷却水泵、冷却塔、蓄冷罐及水处理设备等。集中式冷冻水系统以其灵活的末端配置、高可靠性、大容量冷却能力以及易于维护和扩展的特点,成为许多数据中心的首选,尤其是在追求高效率和稳定性的场合被广泛应用。

(2)氟泵空调系统:在风冷精密空调中添加氟泵组件,氟泵空调系统支持冬季氟泵模式、过渡季节混合模式和夏季压缩机模式,有效利用自然冷源,显著提升了能效,比传统风冷系统更为先进。氟泵空调系统特别适用于中小规模数据中心或局部热点区域,尤其是季节性温差较大的地区。

(3)磁悬浮相变空调系统:磁悬浮相变冷却空调结合了磁悬浮、蒸发冷凝或风冷散热、氟泵、自然冷却等多种节能技术,通过充分发挥磁悬浮压缩机的高蒸发温度、低压比、无油、变频的优势,可实现较高的节能率,适用于对高效节能要求高的数据中心。

(4)间接蒸发冷却空调系统:蒸发冷却通过间接换热实现传热不传质,能够利用室外自然冷源,同时确保机房内的湿度及空气品质不受室外空气影响。蒸发冷却的加入延长了利用自然冷源的时间,减少了机械制冷使用时间,适用于干燥或半干旱地区的中大型数据中心,具有良好的节能效果。

(5)冷板式液冷系统:冷媒与服务器发热部件间接接触,通过液冷板等传热部件将 CPU、GPU 等元器件的热量传递到冷媒中。这种方式对服务器改动不大,仅将风冷散热片替换为液冷板,冷媒有自身通路,具有较低的改造成本和维护难度,技术成熟度高。但冷板式液冷系统传热热阻大,且风扇不能全部取消,对液体管路密封性要求高,制冷效果逊于浸没式液冷系统。该系统适用于高密度计算环境,如高性能计算集群。

(6)浸没式液冷系统:冷媒与服务器发热部件直接接触,将服务器主板、CPU、GPU、内存等元器件完全浸没在冷媒中,提供卓越的散热效果,无需风扇,代表了液冷技术的高端应用。但该系统对服务器有较大改动,需要用密封舱体储存冷媒,要求冷媒绝缘性好、无毒无害、无腐蚀性,且后期运维成本高、不易维护。该系统适用于超高密度计算环境,如超级计算机、加密货币挖矿等。

冷却系统的选择是一个综合考量的过程,涉及诸多要素,如数据中心的体量、所在地区的气候条件、初期投资预算及后期运营成本等。每种系统都有其特定的应用场景和技术优势,在实际应用中应根据具体需求做出最佳选择。

随着技术的持续革新,冷却方案也在不断演进,力求以更高的能效标准应对日益增长的冷却挑战。

7.2.2　末端系统

在数据中心的设计过程中,空调末端系统的选型至关重要,直接关联数据中心的能效水平、运营成本,以及IT设备的稳定性和使用寿命。空调末端系统大致可以分为机房专用空调(房级空调)及新型空调末端。新型空调末端技术又可细分为两大类、三小类:行级列间空调(冷冻水型、重力热管型、动力热管型),机架级背板空调(冷冻水型、重力热管型、动力热管型)。每一种空调末端系统都针对特定的应用场景和需求合理选择,有助于提高数据中心的运行效率和经济效益,同时确保IT硬件可靠运行、长期耐用。

机房专用空调是传统空调方式,通过静压箱自下而上输送冷风,变配电室和电池室采用上送风的方式。

行级列间空调安装在机柜之间,采用前部水平送风、后部回风的方式,形成封闭的冷(热)通道。行级列间空调具有气体输送距离短、风机功率小等特点,但占据部分机架位置,装机率低于机架级背板空调。

机架级背板空调则紧贴通信机柜安装,位于机柜后门处,直接对机柜排风进行冷却。机架级背板空调与机柜之间形成独立的封闭热环境,机柜外部则保持开放冷环境。相比于行级列间空调,机架级背板空调因更加靠近热源而具备更高的能效,制冷效果更佳,有助于降低数据中心的PUE。

7.2.3　气流组织

数据中心的气流组织方式是保障IT设备高效散热的关键之一。良好的气流组织方式不仅有助于提升冷却效率,还能在降低能耗和日常运营成本方面发挥重要作用。

1) 风管上送风

机柜按照冷热通道间隔的方式进行排列,并配套采用上送风方式的机房专用空调,布置上送风风管,使得空调送风口对准机柜冷通道。回风口尽可能地设置在热通道上,依靠空调回风压力,可以有效地吸入并循环机柜排出的大量热风,从而优化整个数据中心的热能交换过程,如图 7-1 所示。必要时可将机柜冷风通过送风支管和连接软管直接引入各个机柜,实现冷通道完全封闭的精确送风方式。该方式适用于送风距离较远的电力室机房。

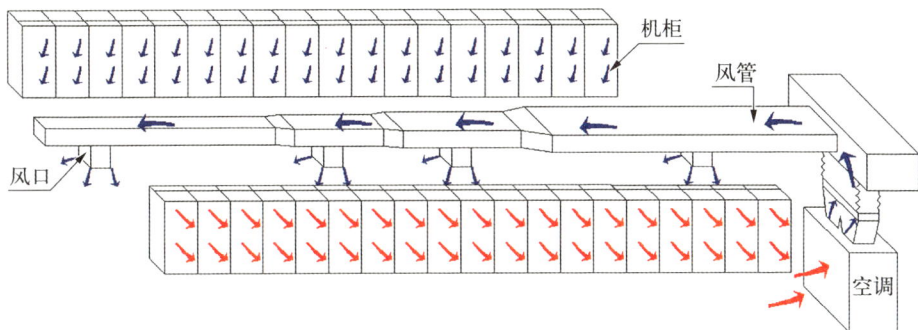

图 7-1　风管上送风方式示意图

2)架空地板下送风

为了适应不同单机柜的功耗,机房内部安装了高度可调节的架空地板,并配合使用下送风式的机房专用空调系统。为了防止楼板因温差过大而产生结露现象,机房地面必须进行保温处理。机柜按冷热通道隔离的方式有序排列,并确保每个机柜的前后门开孔率不低于60%,以促进空气流通。空调产生的冷风经由架空地板下的冷通道,通过地板上的送风口和机柜前门进入机柜内部,而空调回风口尽可能设在热通道上,利用空调系统的回风压力将机柜排出的热风吸回,如图 7-2 所示。该方式可以根据实际需求调整通风口的位置和大小,也方便进行电缆布线和维护工作。若结合冷热通道封闭,则架空地板下送风方式的制冷效果会更佳。

3)机柜采用自带冷风通道方式的架空地板下送风

采用自带冷风通道方式的定制机柜,其深度通常定位在1 200毫米左右。其内部于前部特设200~300毫米的专用送风通道,确保冷风高效输送;同时机柜前门实现全密闭处理,后门保证开孔率不低于60%,以平衡通风需求。冷风经架空地板下部,通过送风通道直接进入机柜,机柜间的通道均采用密封性能良好的地板,如图 7-3 所示。

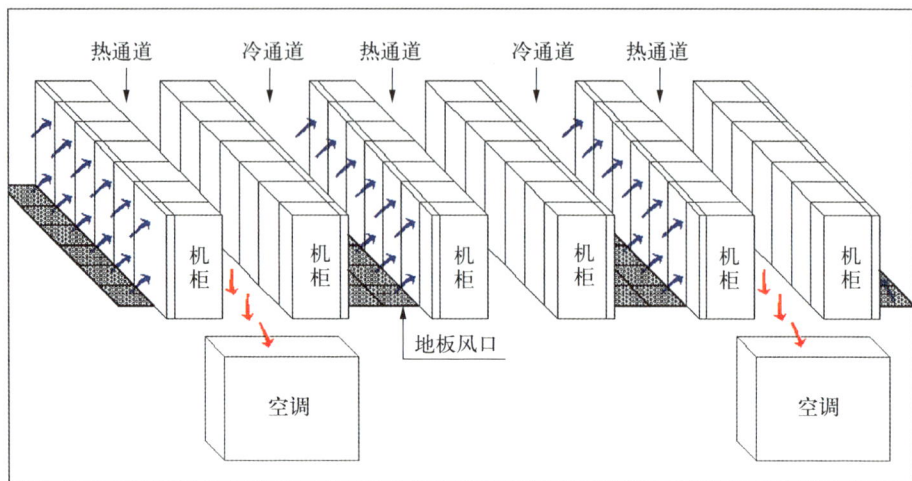

图 7-2 架空地板下送风方式示意图

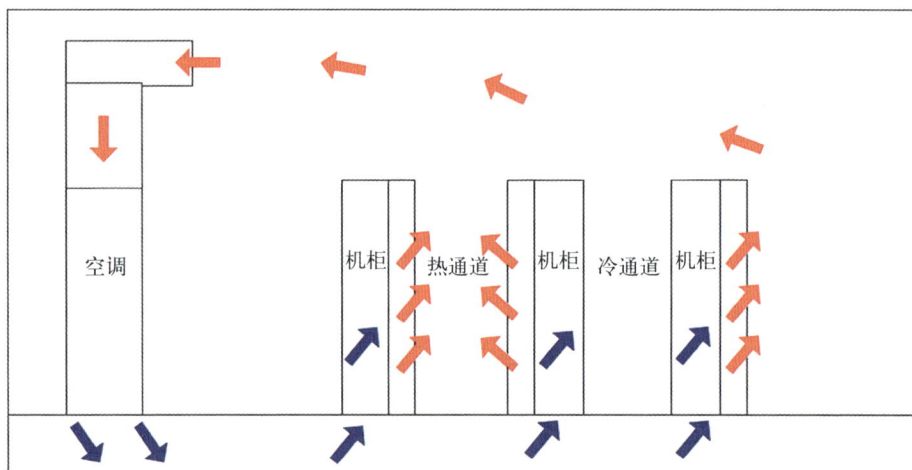

图 7-3 机柜采用自带冷风通道方式的架空地板下送风

4）加回风吊顶（风管）的封闭冷通道地板下送风

这种送风方式是在机房内安装回风吊顶，或是在热通道上方布置回风管，核心在于确保空调回风口与机柜热通道精确对接，使得机柜排放的高温气流能够经由回风吊顶或回风管，直接且有效地导入空调系统，从而杜绝冷热气流不当混合。这种方式对机房的净空高度提出了更高要求，适用于具有高功率密度及送风距离较长的机房环境，如图 7-4 所示。

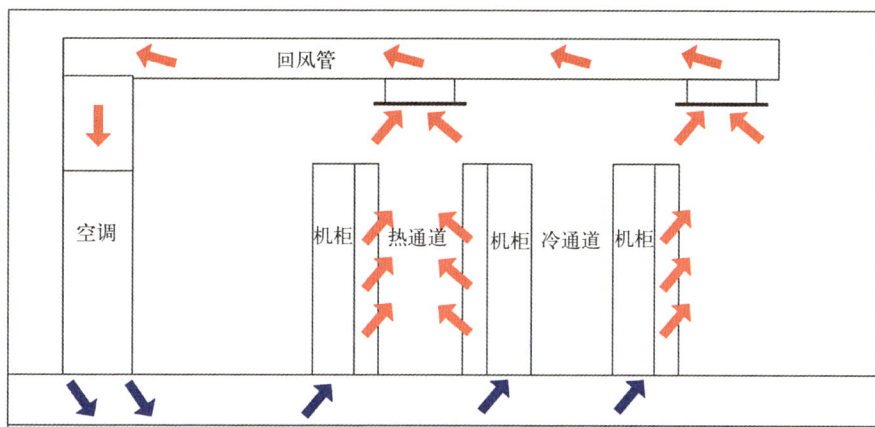

图 7-4 加回风吊顶(风管)的封闭冷通道地板下送风

7.3 数据中心节能技术的发展

由国家发展改革委等多个部门联合发布的《数据中心绿色低碳发展专项行动计划》明确指出,至 2025 年末,无论是新建的还是改造扩建的大型及超大型数据中心,须将 PUE 严格控制在 1.25 以下,特别是针对国家枢纽节点区域的数据中心项目,更是将其 PUE 限定在 1.2 以下;旨在推动算力与电力使用的深度融合,目标是国家枢纽节点区域新建的数据中心绿色电力使用比例达到 80% 以上,从而在数据处理的同时大幅提升能源效率。这项政策的提出为智能计算中心的构建设立了新的节能减排标准,强调了在追求高性能计算的同时,必须兼顾环境保护和资源可持续性,促使相关行业在技术创新与发展的道路上,更加注重绿色转型和能效优化。

节能技术在数据中心领域扮演着至关重要的角色,通过优化制冷系统设计,如采用自然冷却、高效冷水系统和液冷技术等多维度的创新策略,深刻影响着能源的使用效率,也推动着数据中心向更加环保和经济高效的方向发展。

7.3.1 自然冷却节能技术

随着政策层面日益强调绿色、环保与节能,以及全球能源日益紧俏,智能计算中心在建设过程中积极采纳自然冷却技术,以应对不断提升的 PUE 挑战。当前,此类技术主要通过两大途径实施:其一为风侧自然冷却,其二为水侧自然冷却。这两种途径分别针对空气和冷却水循环系统,旨在利用自然环境条件优化冷却过程,从而减少能源消耗,共同推进数据中心运营的可持续发展。

风侧自然冷却和水侧自然冷却这两种技术在数据中心冷却系统中各具特色,选择时应全面考量数据中心的实际需求、地理位置、气候状况、可用资源以及法律法规等因素。在实际操作中,有时会综合应用这两种技术,以期获得最理想的冷却效果和最高的能源效率。

7.3.1.1 风侧自然冷却系统

风侧自然冷却系统是室外空气直接通过滤网或者间接通过换热器,将室外空气冷量带入数据机房内,对 IT 设备进行降温的冷却技术。这一技术依据空气是否直接流入机房内部,细分为直接风侧自然冷却和间接风侧自然冷却两种模式。直接风侧自然冷却在室外气温低于机房所需温度时,借助通风设备直接将冷空气送至机房,冷却 IT 设备,同时通过过滤和湿度控制确保空气品质。相比之下,间接风侧自然冷却则在空气质量标准未达要求或温湿度条件不适宜直接使用时,采用热交换器(如板式换热器),使室外冷空气与机房内循环空气在不直接接触的情况下完成热能交换,从而实现对 IT 设备的冷却。这种直接实现冷源与负荷中心接触的冷却方式,摒弃了传统空调系统中通过制冷机组产生冷媒降温的步骤,可显著降低数据中心空调系统的能耗。

因此,风侧自然冷却系统主要有以下几个特点:

(1)节能高效:充分挖掘自然冷源的潜力,极大缩减对机械制冷的依赖,从而显著降低能耗,提升能效比。

(2)环境友好:通过减少对机械制冷的依赖,间接降低电力消耗,有效减少温室气体的排放,助力绿色数据中心的构建,实现节能减排的长远目标。

(3)灵活适应性:可根据不同地域的气候特征,灵活选用直接或间接冷却方式,展现出较高的环境适应性和操作灵活性;尤其适合于年均气温偏低、干球温度适用于自然冷却的区域,能有效发挥其节能优势。

(4)空气质量控制:若外部空气质量优良,则可采用直接风侧自然冷却,以获得更佳的冷却效率;反之,若空气质量不佳,则推荐采用间接冷却方式,确保机房内部环境的纯净度。

（5）广泛应用范围：无论是中小型数据中心还是大型数据中心，均可根据实际需求部署。特别是大型数据中心，通过模块化的设计理念，可实现更为精细和高效的冷却管理，进一步增强冷却系统的可扩展性和运维便利性。

7.3.1.2　水侧自然冷却系统

水侧自然冷却主要包含两种方法：一种是冷却塔直接供冷技术，利用室外低温空气作为自然冷源，通过冷却塔与冷却循环水进行热交换，为数据中心提供冷却服务。这种系统能有效减少能耗，提升数据中心的能效比，在气候条件适宜的区域，其节能效果尤为显著。

当外界环境温度低于数据中心内部温度时，冷却塔能够直接运用外界的低温空气作为冷却媒介，通过蒸发冷却原理，将热量传递给大气，从而有效降低冷却水或冷却剂的温度。在某些情况下，如果外部空气的质量不适合直接引入数据中心内部（如含有过多尘埃或污染物），则可以采用间接冷却方案，借助热交换器，使外部的冷却媒介与数据中心内部的循环系统相互隔离，仅通过热传导方式交换热量，确保数据中心内部环境的清洁与稳定。

针对气温高的季节或地理环境，单纯依靠冷却塔可能无法满足数据中心的冷却要求。此时，推荐采用混合冷却模式，即机械制冷系统（如冷水机组）与冷却塔协同作业。在气温较低的时段，优先采用冷却塔进行自然冷却；而当温度超过预定界限时，适时启用机械制冷系统以辅助降温，保障数据中心设备正常运行，使能源效率最大化。

冷却塔直接供冷主要有以下优势。

（1）节能高效：充分利用自然冷源，减少了对传统空调系统的依赖，大幅降低了能耗。

（2）成本节约：由于减少了机械制冷设备的运行时间，因此长期来看可以节省大量运营成本。

（3）环保低碳：减少了温室气体排放，符合绿色数据中心的发展方向。

（4）灵活性高：可以根据实际天气条件灵活调整冷却策略，既适用于新建的数据中心，也可以改造现有设施。

另一种方法是直接抽取自然水源，如河流、湖泊等，作为天然冷源，通过板式换热器与冷冻水回水进行热交换，无须通过制冷机或压缩机进行循环散热，以此实现冷却目标,减少了对人工制冷的依赖。

水泵循环自然冷却系统通过抽取自然冷源、板式换热、热交换等一系列步骤来获得冷却效果。首先,水泵从地下水体、湖泊或河流等自然水源中抽取温度较低的水,这类水源通常在特定季节甚至全年维持着相对较低的温度。随后,所抽取的自然冷水进入板式换热器的一侧,而另一侧是来自数据中心的冷冻水回水,即吸收了 IT 设备热量的温水。在板式换热器内部,自然冷水与冷冻水回水进行热交换,温水得以冷却并重新注入数据中心的冷却系统,用以为 IT 设备降温。在完成热交换后,用于冷却的自然冷水可能回流至原始水源,或经过适当处理后排放,实现了水资源的循环利用与环境保护。

水泵循环自然冷却技术的优势主要包括以下几点。

(1) 节能高效:通过利用自然冷源代替传统的机械制冷,大幅降低了电力消耗,有助于降低 PUE,从而减少数据中心的运营成本。

(2) 环境友好:水泵循环自然冷却技术减少了对化石燃料的依赖,转而使用可再生的自然资源,有助于降低温室气体排放,促进可持续发展。

(3) 高可靠性:该技术系统结构简单,减少了对复杂机械组件的依赖,因此维护成本较低,且系统故障率也相应降低,确保了更高的稳定性。

(4) 适用范围:可根据不同的气候条件灵活调整,既能充分利用自然冷源,也能在必要时切换至机械制冷模式,保证数据中心全年持续稳定运行。此外,该技术对各种自然水源具有较强的适应性,应用范围广泛。

7.3.2　末端形式的节能技术

改造和优化数据中心空调系统中的末端设备,如通过设备变频、智能控制、改善气流组织和优化冷源系统等,是提升整体能效、削减运营开支的关键途径之一。

1) 设备变频

通过在风冷末端和水冷末端安装变频驱动器,或安装电子换向电机(electronically commutated motor,EC)风机以调节风机速度,风机设备根据实际需求动态调整风量,从而减少能耗。该技术在冷却塔上应用较为广泛,主要用以提高冷却塔电机(如 IE3 标准电机或永磁电机)效率,这些电机在运行时相比传统电机具有更高的能效比。

2）智能控制

结合新兴 IT 技术构建的智能控制系统,通过计算机软件平台实现对精密空调、冷水机组等设备的自动化节能控制。该系统集成人工智能节能算法、末端控制、冷站控制功能,旨在满足数据中心空调系统的一站式节能降耗和智能运维需求。基于历史数据分析,智能控制系统能够预测机房区域的温度变化趋势,据此确定所需的制冷量。同时,针对不同区域和设备类型建立调控模型,并依据热力学方程计算各个区域所需的冷量,动态调整以适应预期的发热曲线,平衡冷量供应与节能需求。此外,系统支持实时调整制冷设备的运行参数,通过现有的环境监测(动环)和建筑自动化系统(BA)实现对制冷系统的全局智能控制。

对于风冷型精密空调系统,系统能够实现所有空调设备的联动控制,利用人工智能算法精准预测区域发热量,协调空调运行,均衡机房内的温度分布,实现精确制冷和节能效果。对于冷冻水系统和各类末端空调,系统通过定向优化最差工况下的末端设备,配合冷站的节能调控策略,结合人工智能算法指导群控,逐时利用自然冷源,进一步实现节能降耗。

3）改善气流组织

合理的气流组织设计可以减少冷热空气的混合,确保 IT 设备得到均匀且高效的冷却。目前采用较多的有封闭冷/热通道、回风改造、精确送风等,详见7.2.3 节。

4）优化冷源系统

根据电动压缩式冷水机组厂家的经验参数,冷冻水温度每提升 1 摄氏度,冷机能效可提高 2%～3%。另外,水温提高也可以延长自然冷源时间,相对于水温15/21 摄氏度,水温每提高 3 摄氏度,完全及部分自然冷却时间增加 700～2 400小时;水温每提高 7 摄氏度,完全及部分自然冷却时间增加 1 000～3 100 小时。因此逐步提高空调系统水温也是节能改造的重要方面。

7.3.3　网络侧节能技术

网络侧节能技术是指在通信网络中采用的各种方法和技术,以减少能源消耗、提高能效,并降低运营成本。这些技术涵盖从网络架构设计到设备层面的多种措施。

（1）网络架构优化：通过扁平化网络结构，减少中间节点，缩短信号传输路径，不仅降低了延迟，也减少了能量损耗。结合业务需求，对计算和存储资源灵活采用集中式或分布式部署策略，优化资源的配置与使用效率。

（2）空口节能技术：根据实际业务情况动态分配频谱资源，避免无效的高功率发射。同时，自适应调制编码技术根据当前的信道状态即时调整调制方式和编码方案，以提高数据传输效率并降低功耗。

（3）虚拟化与云化：利用 NFV 和 SDN 技术，实现资源共享和动态调度，提高能源使用效率。通过引入高效服务器、存储和冷却技术，降低整体 PUE。通过人工智能和大数据分析预测网络负载，智能路由和流量管理技术可减少不必要的数据传输，实现智能资源调度和优化，从而节省能源。

（4）终端节能技术：在不进行通信时，终端设备可进入低功耗休眠状态，有效延长电池使用寿命。根据任务处理的复杂度，动态调整处理器电压和频率，以适应不同的性能需求，减少能耗。采用低功耗无线通信技术（如 NB－IoT、LoRa 等），进一步延长终端电池的寿命。

7.3.4 被动式结构节能技术

被动式结构节能技术主要是指通过建筑物的设计与选材，降低对主动能源（如电力、天然气等）的依赖，以实现节能目的。这类技术主要借助自然因素（如太阳光辐射、风力、地热能等）创造宜人的室内环境，因此在多数情况下，可减少甚至无须依赖机械设备（如空调、暖气系统）进行辅助调节。

热压自然通风技术作为被动式节能技术的一种，利用室内外空气密度的差异以及窗孔间的热力效应产生对流，实现自然通风。在本节中主要探讨一种数据中心相变通风结构的太阳能空调新风系统制冷方案。该方案的特点在于整合了太阳能空调系统、相变蓄热通风墙体以及相变蓄冷新风系统，以实现高效、可持续的冷却效果，如图 7-5 所示。

传统的数据中心制冷系统在估算房间冷负荷时，必须考虑外墙维护结构的冷负荷。许多机房的围护结构设计并不理想，导致额外的冷负荷积累。特别是对部分中小型数据中心而言，其空调系统多采用直膨式空调。由于数据

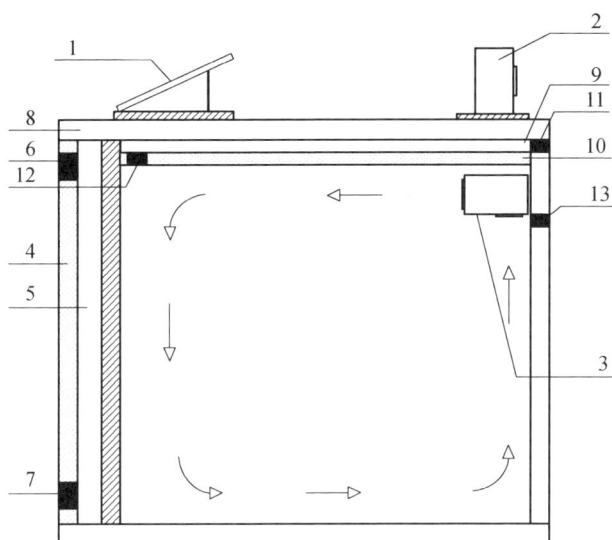

1—光伏板；2—空调外机；3—空调内机；4—相变蓄热板；5—通风夹层Ⅰ；6—通风孔Ⅰ；7—通风孔Ⅱ；
8—楼板；9—通风夹层Ⅱ；10—相变蓄冷吊顶；11—新风口；12—通风孔Ⅲ；13—排风口。

图 7 - 5　太阳能空调新风系统流程剖面图

中心全天候不间断的制冷需求，长时间运行会导致整机制冷效率下降，能耗增加，从而使机房的 PUE 居高不下。

　　基于相变通风结构的太阳能空调新风系统采用相变蓄热通风墙与相变蓄冷新风系统相结合的创新方案，能够有效减少夏季日间外墙传入机房的热量。相变蓄冷新风系统不仅能够储存冬季夜间冷风的冷量，还能将这种冷量引入机房内部，以吸收设备运行产生的热量；同时，通过光伏板为整个空调系统供电，进一步提升了系统的自给自足能力。

　　与传统数据中心制冷系统相比，相变通风结构不仅可以有效降低通过围护结构的冷负荷，而且通过利用可再生能源（如冷风和太阳能）大幅削减了机房空调运行能耗，适合在数据中心中广泛应用和推广。

　　在此制冷方案的基础上，可叠加专用自动控制系统，摒弃以往按季节性时间表手动切换系统运行模式、人工设定空调温度、手动开关通风墙和新风系统等的传统做法，取而代之的是系统自动选择最佳运行模式，根据需求自动设定空调出风口温度，并控制通风墙风口和新风系统的开启与关闭状态，如图 7 - 5 所示，极大地提升了系统的智能化程度和运行效率。

此外,还有一种新兴的被动式节能技术——风扇墙技术,在数据中心,尤其是服务器机房中得到广泛应用。这种技术与封闭冷热通道技术结合,通过在外墙或特定区域安装一系列小型高效风扇,使冷空气均匀分布,确保服务器稳定运行。这项技术显著提升了冷却效率,降低了能源消耗,并改善了气流分布的均匀性。例如,Facebook 在新建数据中心中采用了风扇墙技术,成功地将 PUE 降至 1.07,大幅优于行业平均水平。

7.4 部署方案验证——以绿色低碳节能技术为例

7.4.1 项目概述

以上海市青浦区某新建数据一期绿色低碳项目为例。该数据中心已纳入全国一体化算力网络长三角国家枢纽节点长三角生态绿色一体化发展示范区数据中心集群重要数据中心,其主要功能是提供智能算力服务,成为长三角首个算力自主可控、服务于"东数西算"工程算力调度的绿色节能示范基地。

该数据中心在节能减排方面采用了多项较为前沿的技术,涉及电源和空调两大关键领域,如表 7-1 所示。在电源方面,其引入了建筑光伏技术和高能效设备;在空调方面,则采用了冷板式液冷技术,各类变频设备(包括冷水机组、多联机、水泵、电梯等),以及新型空调末端技术,如列间空调和氟泵空调,并辅以湿膜加湿系统。在其两大核心建筑——1♯楼与2♯楼中,不仅全面部署了上述技术,还根据各自特性实施了个性化节能方案:1♯楼额外实施了风侧间接蒸发制冷技术和高效电力模块技术,2♯楼则特别采用高温冷冻水系统,从而显著提升了整体能源使用效率,确保了该数据中心整体 PUE 小于 1.25。

表 7-1 案例节能技术应用汇总

节 能 技 术	涉 及 设 备
风侧间接蒸发制冷技术	冷却塔侧,空气处理机组(air handling unit,AHU)
高效电力模块技术	电源系统(巴拿马电源、智能小母线)

续　表

节　能　技　术	涉　及　设　备
高温冷冻水	冷水机组以及末端
建筑光伏	电源
变频设备	冷水机组、多联机、水泵、电梯
液冷技术	冷板式液冷系统技术
新型末端	氟泵空调、列间空调
湿膜加湿	加湿设备
BA优化	控制策略

7.4.2　部署方案

1）冷板式液冷技术

在本数据中心的节能方案中，为提升能效与降低环境影响，1♯及2♯楼部分高密机房（单机架功率为22.5千瓦）均配备了液冷整体机柜。在这些机柜中，60%的热负荷通过冷板技术，即由"开式冷却塔＋板式换热器"系统负责冷却；剩余40%的热负荷则由间接蒸发空调机组（应用于1♯楼）或冷冻水列间空调系统（应用于2♯楼）来承担。液冷系统中的冷却水供回水温度设定在35/43摄氏度，并且冷却塔被安置于建筑物顶部。机房的内部设计确保了通过冷分配单元（cooling distribution unit，CDU）实现一次侧与二次侧的有效隔离及热交换过程，如图7-6所示。

相较于传统的风冷方式，此冷板式液冷系统在提高设备密度、增强节能性能及改善防噪效果方面表现更佳。尤为重要的是，冷板式液冷技术无须依赖水冷机组，因此在实施后不仅降低了总成本，还显著提高了数据中心的能源利用效率。

2）建筑光伏技术

在该数据中心的屋顶，有超过一半的面积安装了光伏发电系统，预计每

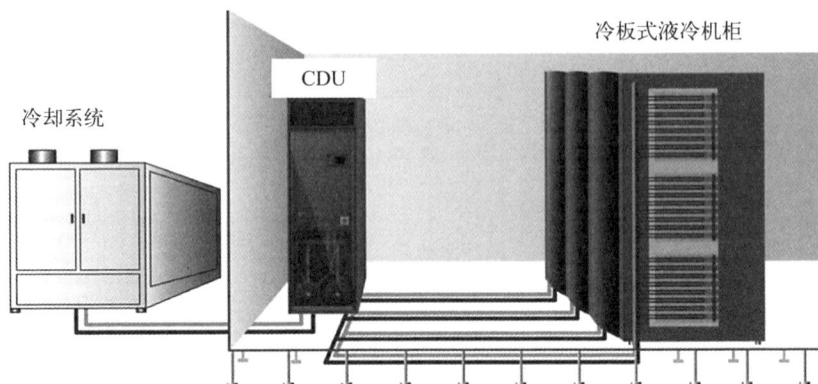

图 7 - 6　冷板式液冷系统示意图

年可产生约 77 万度的电能,可支撑该数据中心约 6% 的装机机架功耗。所产生的电力将通过并网方式运作,直接连接到变压器侧的低压配电柜,并且系统能够独立运行,为数据中心的机房照明以及运维大楼等附属设施提供电力支持。

3)风侧间接蒸发制冷技术

1#楼采用风侧间接蒸发制冷技术。制冷机组包括空气对空气换热芯体、风冷直膨式空调系统、水喷淋蒸发制冷装置、送风与排风风机、风过滤器、补水排水及水处理设备,以及集成人工智能控制的系统。

该机组运用了间接蒸发制冷的原理,通过水的蒸发吸热效应来实现空气制冷。具体而言,机组利用空气中的水分蒸发时带走热量,使空气得以降温,整个过程以水充当制冷剂,且制冷效果受空气干燥程度影响,越干燥的空气意味着越强的制冷能力。该机组支持三种运行模式。

(1)干态模式,即利用室外冷风进行间接供冷。

(2)喷淋模式,通过蒸发制冷过程供冷。

(3)复合模式,结合蒸发制冷与机械制冷双重机制以实现更高效的制冷。

在实际操作中,机组通过向室外空气侧喷水,促进水在换热板片上蒸发制冷,进而降低室外循环风侧的温度;随后,与室内的高温回风进行热交换,以达到预设的送风温度;一旦达到规定温度,便将冷却后的空气送入机房。如果尚未达到设定的送风温度,则回风将被送至直膨式制冷机组的蒸发器进行进一步冷却,最终确保送风温度符合要求,如图 7 - 7 所示。在整个制冷流程中,室外风侧与循环风侧始终保持非接触状态,确保系统稳定运行。

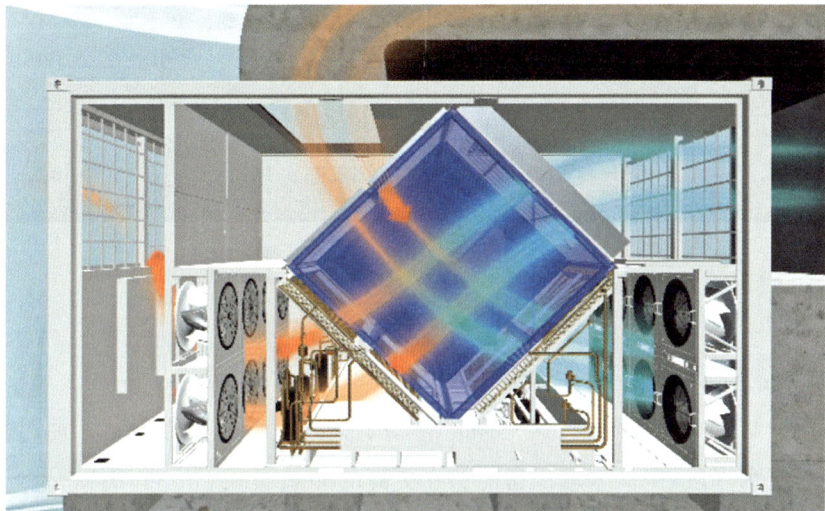

图 7 - 7　风侧间接蒸发制冷示意图

当外界的干球温度降至 16 摄氏度以下时,间接蒸发冷却机组仅启动室外风机进行换热,以充分利用自然冷源进行冷却,无需额外能量输入。而当干球温度超过 16 摄氏度但湿球温度保持在 19 摄氏度及以下时,同时开启室外风机和冷却水喷淋,通过两者的协同作用更有效地利用自然冷源进行供冷。当湿球温度超过 19 摄氏度时,系统需要全面启用风机、冷却水喷淋以及制冷压缩机的热交换功能,通过机械制冷与自然冷却相结合的方式,确保即使在较高温度下也能维持适宜的冷却效果。

4)高效电力模块技术

1#楼引入了高效电力模块技术,如图 7 - 8 所示。其特点在于整体集成设计所带来的安全可靠、快速灵活的部署以及架构兼容性,同时还能有效减少机房所需的占地面积。该技术内含高效模块化不间断电源(uninterruptible power supply,UPS),采用铜排预制缩短供电链路,使得原有数据中心供配电系统的供电效率从 94.5% 提升至 97.5%,显著减少了能源消耗。整套模块涵盖了变压器、低压配电柜、无功补偿装置、UPS 及馈线柜、内部铜排连接以及全面的监控管理系统,旨在为数据中心提供更为稳定、高效的电力供应解决方案。

图7-8　高效电力模块示意图

5) 高温冷冻水技术

2#楼应用高温冷冻水技术,将冷冻水系统的供回水温度从常规的15/21摄氏度提升至18/24摄氏度,这一调整有助于提升制冷机的能效比。通过提高冷冻水供水温度,空调末端设备能够在更高的显热模式下运行,有效减少了不必要的除湿和加湿过程,从而降低了整个系统的能耗。此外,得益于水温的升高,冬季利用冷却塔进行供冷的时间得以延长,可以更充分地利用自然环境中的冷却资源。在这一过程中,冷却塔通过板式换热器直接冷却冷冻水,无须开启制冷主机,进一步体现了系统对自然冷却能力的有效利用。

6) PUE智能调优技术

1#和2#楼采用PUE智能调优技术,结合大数据和人工智能,使得数据中心从传统的制冷方式转变为"智冷"模式,在降低PUE的同时,实现对数据中心能耗的进一步优化。算法充分挖掘局楼级系统内部匹配最优运行以及局楼级和机房级的联动调节节能空间,实现PUE实时智能调优,并随运行生命周期持续优化。系统级人工智能能效寻优方案配合风侧间接蒸发制冷技术可使PUE降低3%~5%,配合高温冷冻水技术可使PUE降低8%~15%。

7.4.3　成果效益与应用价值

通过应用上述节能技术,该数据中心的PUE成功降低,自然资源的有效利用率提高,碳排放量减少,在能效提升和环境保护方面取得了显著的成效。预计全部投产后,数据中心整体PUE为1.25,相比于传统数据中心(PUE为

1.5),年总节能量可达 3 175.5 万度,可节约 3 905 万吨标准煤/年,二氧化碳减排能力为 9 592.8 万吨/年。

从市场经济效益来看,该数据中心的绿色低碳项目通过提升能效和充分利用可再生能源,显著降低了电力消耗,积极响应了国家及地区节能减排和绿色算力政策等要求,为算网融合的绿色可持续发展树立了标杆。

从环境效益来看,项目通过光伏和自然资源的有效利用,减少了对传统能源的依赖,有效降低了碳足迹,推动能源结构优化,为环保事业和能源可持续发展贡献力量。

7.5　本章小结

随着诸如 ChatGPT 这样的先进人工智能模型的出现,全球正式迈入了一个以大模型为核心的智能计算新时代。这一趋势引领了智能计算中心建设的热潮,推动智能计算中心在“东数西算”工程中扮演至关重要的角色,同时也对资源的部署提出了更为严格的要求。

在数据中心的能源消耗中,暖通系统所占比例较大,因此成为节能减排的主要关注点。为了应对这一挑战,许多数据中心已经广泛采用各种节能措施,比如充分利用自然冷源、优化冷却系统等,并在一定程度上取得了成效。然而,大量现有的数据中心能效水平仍未达到国家规定的标准,这迫切需要对其进行节能改造升级。

在数据中心规划设计与标准制定方面,智能计算中心需要紧密结合机房需求进行布局。根据机架密度不同,数据中心可采用集中式冷冻水系统、氟泵空调系统、磁悬浮相变空调系统等多种冷源方案。同时,机房专用空调和新型空调末端技术如行级列间空调、机架级背板空调等也被广泛应用,以优化气流组织,提高能效。

在节能技术方面,自然冷却技术通过利用自然冷源减少机械制冷需求;设备变频和智能控制技术则通过动态调整设备运行参数实现节能;气流组织优化和网络侧节能技术分别从气流分布和网络架构层面提升能效。此外,被动式结构节能技术,如热压自然通风技术和相变通风结构的太阳能空调新风系统也展现出良好的应用前景。

随着智能计算时代的到来,数据中心在能耗管理和节能技术应用方面正不断取得新进展。通过综合运用多种节能策略和技术手段,数据中心在高效运行的同时,也为社会的绿色可持续发展做出贡献。

第8章 算网融合发展典型案例

8.1 存算一体主控芯片及方案的研发应用

上海忆芯实业有限公司首创性地将高性能存储控制器芯片架构与人工智能加速架构、数据库分析加速架构、国密加解密安全模块进行异构融合,通过领域定制化设计,实现了高性能存算协同加速的一体化芯片,不仅填补了我国缺乏具有竞争力、自主研发的存储主控芯片和兼容性强、安全可靠的国产存储方案的空白,而且突破了传统计算体系结构的限制,在存算一体化技术方面实现了创新突破。基于该芯片的企业级固态硬盘(solid state drive,SSD)解决方案在电力、水利、石化等多个关键行业成功推广。这些正是顺应并响应了"东数西算"工程发展趋势下的重要成果转化。

该芯片主要具备以下关键性能。

(1)吞吐带宽和时延:多核同构 CPU 同时控制存内计算的人工智能加速NPU、矩阵加速计算单元、数值统计加速计算单元、高速 NAND 存储控制单元。片上一致性总线保障数据吞吐带宽从存储侧到数据计算侧延迟小于 1.5微秒,总吞吐带宽大于 14 Gbps,远超目前 PCIe 固态硬盘到主机的最大带宽和读写延迟能力。

(2)数据分析能力:自主研发存算一体架构,硬件设计算力达 8 TOPS,人工智能存算核心算效比超 12 TOPS/瓦。对于计算索引加速能力,键值数据库并发效率提升 10~15 倍,主机内存占用减小至传统数据库服务的 1/6。对于统计加速能力,时序类数据库写入速度最高提升 6 倍,读取速度提升 30 倍,保障时序数据库聚合计算能力综合提升 0.5～3.7 倍。对于向量数据库加速支持,512 维向量相似度计算吞吐达到 10 万次/秒。

(3) 数据安全可信能力:自主研发硬件加解密功能模块,结合可计算存储 CPU 服务调用管理,可在整体主机 CPU 启动操作系统前完成所有操作指令的记录和态势感知,并通过端到端的验签及加解密流程完成高安全性的存算数据交互。

该芯片主要有以下技术创新点。

(1) 自主研发存算一体技术,首次在存储芯片中集成神经网络处理单元,提升人工智能大数据应用算力功效比达 12 TOPS/瓦,填补国内部分技术空白。

(2) 提出存储器高可靠和高安全技术,解决闪存颗粒擦写次数少和数据泄密风险高等难题,提高固态硬盘的使用寿命,并加强敏感数据的安全性,实现高可靠国产替代,技术达到国际领先水平。

(3) 创新提出高性能软件定义存储控制器架构,自主研发高性能、灵活的企业级 SSD 控制技术,顺序写性能超国外方案的 40%,随机读性能超国外方案的 20%,随机写性能超同类产品的 84%,写延迟降低至 7 微秒,比国外同类产品低 50%。

目前,该项目解决方案主要面向能源、金融、人工智能、国产信创等行业领域,服务于工业级和企业级市场,为数据中心、个人计算机及原始设备制造商(original equipment manufacturer,OEM)等多种应用场景提供低能耗、高算力、高可靠性、高安全性的存算一体化设备。

8.2　基于新型交换中心的跨主体、多元异构算力调度交易平台

国家(上海)新兴互联网交换中心(SHIXP)围绕全国一体化算力网络国家枢纽节点对"网络互联互通"的业务需求,依托基础设施服务与多云互联基础,充分发挥"中立、开放"的试点定位优势,创新搭建"三层架构、五大平台"的第三方算力调度交易平台,如图 8-1 所示。

1) IXP 算网

采用"同城双备、南北双环"的架构策略搭建扁平化的算力专网,主要

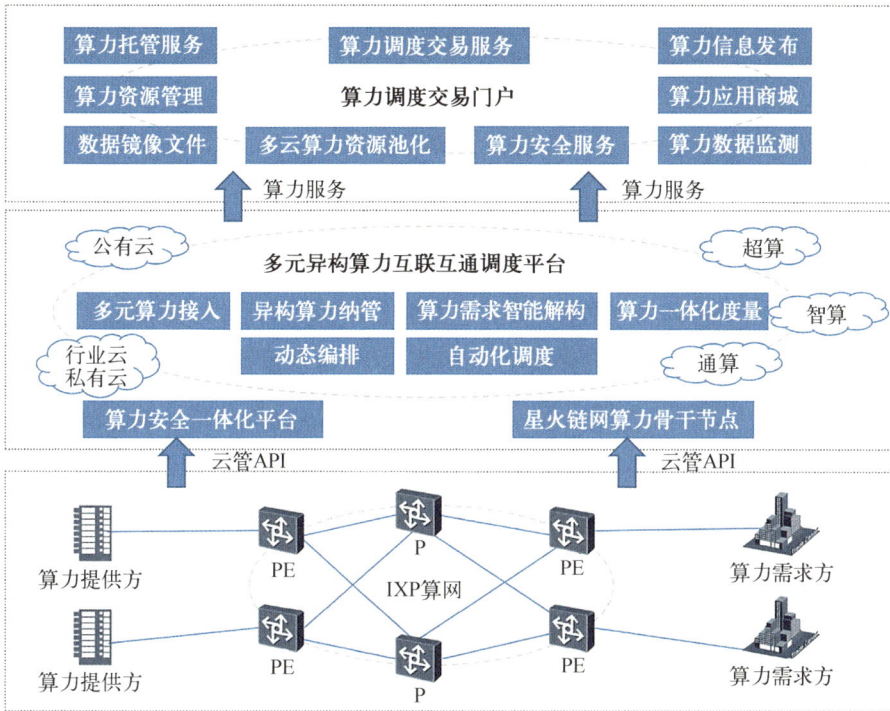

图 8 - 1　SHIXP 第三方算力调度交易平台体系

由核心层的 P 设备和接入层的边缘（provider edge，PE）设备构成。用户可通过接入层的 PE 设备或交换设备接入 SHIXP 网络，从而实现算力供需双方的高效互联。借助算力资源与网络资源的协同调度，算力数据得以通过短路径就近转发至匹配的计算节点，达成优化区域算力网络架构的目标。此外，通过融合运用 SDN、Flex E、NFV、SRv6 等先进网络承载技术，满足了算网资源"按时、按需"动态调整的业务需求，极大地提升了服务的灵活性和响应速度。

2）多元异构算力互联互通调度平台

通过打通与不同参与主体的云网平台，实现公有云、私有云、行业云、超算算力中心、智能算力中心、科研高校等多方算力的互联互通编排调度，如多元算力接入、异构算力纳管、算力一体化度量、算力需求智能解构等。

3）算力调度交易门户

实现算力的交易过程支撑及交易参与方的管理、交易过程，包括算力调度交易服务、算力资源管理、算力托管服务、算力应用商城等功能,可提供如算力意图订购、算力方案推荐、算力可信交易、用户管理、合作伙伴管理、多态算力商品封装及管理、交易管理、订单管理、计费结算、服务管理等服务。

该门户主要包含以下功能层。

(1)算力接入层:用于对接多方异构算力,实现多方接入、异构适配,包括算力标志管理、算力接入适配、算力接入鉴权、算力接入控制等核心能力,拉齐各类异构算力平台的管理概念、服务模型并适配各平台 API,从而为实现不同主体的算力网络和平台之间的算力交互、协同和共享提供基础。

(2)算网资源层:针对多方多样化的算网资源,包括计算资源、存储资源、网络资源、资源信息核验及状态跟踪等,实现全量资源的可视化管理。

(3)编排管理层:对入网算力资源的统一管控和智能编排,是算力需求方和算力供应方的撮合调度器。一方面通过对多方算网资源的度量建模和产品设计,完成对多样化算力的能力画像;另一方面通过对算力需求的智能解构匹配,完成对算力需求的智能方案推荐、编排调度。

(4)服务运营层:用于建设算力交易的全链条能力,核心目标是实现生态合作、公平运营,包括用户管理、合作伙伴管理、产品管理、交易管理、订单管理、计费结算、服务管理、商城管理、运营管理、系统管理等关键能力。

(5)算力应用层:构建面向多方角色的交互门户,其中算力交易统一门户是主门户,园区、行业算力交易门户等为子门户,园区、企业也可定制化设立特色门户。

4)算力安全一体化平台

基于人工智能、大数据等技术,为平台内供方、需方、第三方服务商等企业提供网络安全、数据安全、信息安全一体化的安全解决方案,支持本地化部署和 SaaS 部署。

5)星火链网算力骨干节点

基于国家级区块链的可信算力服务系统,SHIXP 建设全国首个星火链网算力骨干节点,从交易订单上链存证、计算过程上链存证、结算订单上链存证、算力券登记与核验四个方面入手,为算力交易平台提供安全、可信的保障。

该平台作为全国首个算力调度交易集中平台,已实现与联通云、阿里云、华为云、腾讯云、优刻得、火山引擎、有孚云、AWS 等多家国内外头部云厂商,以及商汤科技、万国数据、有孚网络、世纪互联等头部数据中心的接入,为算力供需双方提供中立、开放、公平、可信的交易环境,推动了算网资源合理流通。同时,该平台也改进了传统的价格模式和服务方式,算网端口以日/周/月租的形式收取端口费,算力交易以合同额收取一定比例的服务费,推动了市场发展。

8.3　多云纳管及多网协同

8.3.1　中国电信云聚 SaaS

中国电信基于专线+云服务应用场景,搭建云聚 SaaS 综合性业务支撑系统,能够提供驻地系统直连公有云、IDC 直连公有云、数据中心间互联、异构云间互联等多种开通云网业务所需的能力。云聚 SaaS 平台基于上海电信城市基础设施投资与建设业务,通过部署专线接入云厂商算力平台,实现一点或多点入云能力,打造覆盖全产业链的"多网"+"多云"一体解决方案,满足用户对云服务的灵活选择和低成本策略需求。中国电信云聚 SaaS 平台应用案例如表 8-1 所示。

表 8-1　中国电信云聚 SaaS 平台应用案例

案例名称	应用情况	应用成效
央企专线+公有云	开通专线接入阿里云,并采购阿里云资源,提升云业务运行速度、便捷性与连续性,同时降低成本,改善用户体验	打通各大云厂商资源,满足用户在突发场景下的扩容需求,实现算网融合高效交付
人力资源服务商阿里云转售	订购阿里云,并提供系统上云以及入云专线,通过一站式纳管使客户对云资源使用有更清晰的管控	快速一站式接入第三方云厂商,以算网融合解决方案实现客户云资源迁移与管控,提升成本可控性和用户体验感

续　表

案例名称	应　用　情　况	应　用　成　效
增值电信企业入云专线	通过两条入云专线连接至腾讯云,开展语音、网络和IT集成服务	采用总头模式快速开展业务,通过大带宽MPLS-VPN接入,保障用户高质量使用公有云

8.3.2　中国联通云擎平台

中国联通通过搭建云擎平台,将公有云、私有云、网络设施、终端设备、视频图像等资源统一接入,已兼容联通云、阿里云、华为云、亚马逊云等多种云架构。一方面,该平台为用户构建精细化运营指挥中心,基于资源核心性能指标、状态指标等信息的收敛实现对多类型资源的统一纳管、多网多云协同以及全局信息实时总览,提升资源可靠性和安全性。另一方面,该平台通过全景自动化智能运维模式,实现算力、网络、机房、设备、应用的统一监控与运维,为算网融合集约化管理提供一体化资源管理和运营服务响应。中国联通云擎平台应用案例如表8-2所示。

表8-2　中国联通信云擎平台应用案例

案例名称	应　用　情　况	应　用　成　效
大型国企数字化转型项目	通过平台将多家国企公有云、私有云、网络设备、终端设备等进行统一接入、多云纳管和统筹整合,并对IT资源信息实现实时监测、自动预警和闭环管理	基于各类业务需求和上层应用需求,实现资源的统一调度、灵活伸缩和智慧运营

8.3.3　中国移动全栈专属云

中国移动全栈专属云ECSO以服务租赁的方式提供资源隔离的云产品和统一接口规范及运维服务,具备多级租户管理、配额管理、订单管理、访问控制、任务管理等能力,为政务、交通、医疗、金融行业的客户提供办公云、行业云、信创云等平台服务。此外,该系统支持多种类型国产芯片,确保基础设施、操作系统、云平台软件、云服务产品等多维度的国产化及自主可控。中国移动全栈专属云 ECSO 应用案例如表 8-3 所示。

表 8-3 中国移动全栈专属云 ECSO 应用案例

案例名称	应 用 情 况	应 用 成 效
交通行业云服务	以 ECSO 平台为技术底座,构建高性能计算、存储和算网融合的云智一体资源池,承载海量并行数据采集、存储和分析,灵活、高效地提供训推服务,快速实现自动驾驶等上层应用	通过分布式云端算力+高可靠5G 链接实现车侧算力卸载,构建端到端服务能力,支撑车路协同、高精导航、车载娱乐等应用

8.4 本章小结

从本章的案例可以看出,各类企业机构正在通过不同层面的创新推动算网融合的进程。在硬件层面,存算一体芯片的突破提升了数据处理能力和安全性,为数据中心、个人计算机等应用场景提供了低能耗、高算力、高可靠性、高安全性。在算力调度交易层面,第三方算力调度交易平台促进了算力资源的互联互通、高效调度和交易,为算力供需双方提供了更加中立、开放、公平、可信的交易环境,推动了算网融合健康发展。此外,算网融合推动了多云纳管、多网协同和资源高效整合等,提升了资源的可靠性和安全性,为用户提供了更加灵活、便捷、低成本的云服务解决方案。

随着政策的不断完善、技术的不断进步和应用场景的不断拓展,可以相信,越来越多的算网融合案例将会涌现,不仅将进一步推动算网融合技术发展和创新,还将为各行各业带来更多的数字化转型和智能化升级机遇。

参考文献

[1] 陈晓,郭勇,谭斌,等. 面向算网一体的开放服务互联架构[J]. 信息通信技术,2022,16(2):53-59.

[2] 杨烨. 基于算网一体化演进的算力网络技术研究[J]. 现代传输,2022(4):45-48.

[3] 韩淑君,穆域博,柴瑶琳,等. 算网基础设施发展现状及建议[J]. 信息通信技术与政策,2022,48(11):24-29.

[4] 覃剑,赵蓓蕾,巫细波. 中国数字经济一线城市算力建设研究[J]. 城市观察,2022(4):125-136.

[5] 穆域博,韩淑君,柴瑶琳,等. 算网融合的现状和发展趋势[J]. 信息通信技术,2022,16(2):27-33.

[6] 徐志伟,李国杰,孙凝晖. 一种新型信息基础设施:高通量低熵算力网(信息高铁)[J]. 中国科学院院刊,2022,37(1):46-52.

[7] 赵先明. 算网融合定义未来[J]. 通信技术,2022,55(6):720-726.

[8] 王晓云,段晓东,张昊,等. 算力时代[M]. 北京:中信出版社,2022.

[9] 孟亚洁,赵志刚. 从云网融合到算网融合[J]. 通信企业管理,2022(1):18-19.

[10] 王少鹏,邱奔. 算网协同对算力产业发展的影响分析[J]. 信息通信技术与政策,2022(3):29-33.

[11] 贾庆民,郭凯,周晓茂,等. 新型算力网络架构设计与探讨[J]. 信息通信技术与政策,2022,48(11):18-23.

[12] 万晓兰,李晶林,刘克彬. 云原生网络开创智能应用新时代[J]. 电信科学,2022,38(6):31-41.

[13] XIE R C，TANG Q Q，QIAO S，et al. When serverless computing meets edge computing：architecture, challenges, and open issues［J］. IEEE Wireless Communications，2021,28(5)：126－133.

[14] GIL G，CORUJO D，PEDREIRAS P. Cloud native computing for industry 4.0：challenges and opportunities［C］//2021 26th IEEE International Conference on Emerging Technologies and Factory Automation（ETFA），Vasteras：2021.

[15] 蔡剑. 算力网络节点评价及操作方法和装置：202210515169.5［P］. 2023－09－26.

[16] 柴若楠,邬帅,兰江雨,等. 算力网络中高效算力资源度量方法［J］. 计算机研究与发展,2023,60(4)：763－771.

[17] 吴美希,杨晓彤. 算力五力模型：一种衡量算力的综合方法［J］. 信息通信技术与政策，2022(3)：13－21.

[18] 刘丹阳. 400 G 光传送系统的演进目标与技术发展方向［J］. 电信快报，2022(12)：10－11.

[19] 张海懿,乔月强,黄为民. 光传送网技术和标准发展探讨［J］. 邮电设计技术,2022(5)：52－57.

[20] 张帅,曹畅,唐雄燕. 基于 SRv6 的算力网络技术体系研究［J］. 中兴通讯技术,2022,28(1)：11－15.

[21] 程伟强,姜文颖,杨锋,等. G－SRv6 关键技术、标准进展及组网应用［J］. 通信世界,2022(4)：15－17.

[22] BOUICA R，HEDGE S，KAMITE Y，et al. Segment routing mapped to IPv6(SRm6)［EB/OL］.（2019－11－19）［2025－01－20］. http：//datatracker.ietf.org/doc/draft-bonica－spring-sr-mapped-six/00/.

[23] 程伟强,杨锋,韩婷婷,等. 面向运营商的 SD－WAN 演进思考［J］. 通信世界,2023(1)：29－31.

[24] 李嘉群. 基于在网计算的 MPI 集合通信优化研究［D］. 合肥：中国科学技术大学,2022.

[25] 黄光平. 算力资源的通告方法及装置、存储介质、电子装置：202110424931.4［P］. 2022－10－21.

[26] 姚惠娟,付月霞,孙滔,等. 算力通告的发送方法、装置及算力网元节点：202110750298.8［P］.2023－01－03.

[27] 杜宗鹏,刘鹏,付月霞,等. 算力信息通告方法、装置、入口节点及出口节点:202110565772.X[P]. 2022 – 11 – 25.

[28] 张兴,李开祥,雷波,等. 算力网络中算力信息感知和通告系统及其方法:202210556935.2[P]. 2024 – 02 – 09.

[29] 高凯辉,李丹. 数据中心网络性能保障研究综述[J]. 电信科学,2023,39(6):1 – 21.

[30] 刘志锋,叶志伟,蔡敦波,等. RDMA 技术研究综述[J]. 软件导刊,2022,21(12):266 – 271.

[31] 孙杰,马国华,朱多智,等. 新型云网融合编排与调度系统架构与分析[J]. 信息通信技术与政策,2022,48(11):59 – 68.

[32] 叶沁丹,范贵生,黄衡阳. 算力网络一体化支撑方案及应用场景探索[J]. 数据与计算发展前沿,2022,4(6):55 – 66.

[33] 李铭轩,常培,崔童,等. 面向 FaaS 的算网异构资源调度技术[J]. 信息通信技术,2021,15(4):44 – 49,58.

[34] 莫益军. 算力网络场景需求及算网融合调度机制探讨[J]. 信息通信技术,2022,16(2):34 – 39,84.

[35] 谭斌,黄兵,黄光平. 面向算网一体的服务感知网络[EB/OL]. (2022 – 09 – 19)[2025 – 01 – 20]. https://www.zte.com.cn/china/about/magazine/zte-technologies/2022/9-cn/3/4.html.

[36] 于施洋,郭明军,郭巧敏,等. 数字城市"新市政":城市算力网的总体架构及实施路径研究[J]. 电子政务,2022(12):2 – 12.

[37] 孙聪,王少鹏,邱奔. 算网融合产业发展分析[J]. 信息通信技术与政策,2023,49(5):48 – 53.

[38] 梁芳,佟恬,马贺荣,等. 东数西算下算力网络发展分析[J]. 信息通信技术与政策,2022,48(11):79 – 83.

[39] 李宁东,邢玉萍,马新翔. 我国算力网络发展评估体系研究[J]. 信息通信技术与政策,2023,49(5):15 – 20.

[40] 于郡东. 分析数据中心机房 PUE 偏高问题以及解决方案[J]. 机房技术与管理,2010(4):29 – 31.

[41] 易伶俐. 不同空调送风方式在数据中心的应用[J]. 制冷与空调,2016,16(3):8 – 9,7.

索 引